精神分析与无神论

——弗洛伊德的贡献

姜艳 著

·上海·

图书在版编目(CIP)数据

精神分析与无神论：弗洛伊德的贡献 / 姜艳著. —上海：上海大学出版社,2021.6
ISBN 978-7-5671-4253-4

Ⅰ. ①精…　Ⅱ. ①姜…　Ⅲ. ①弗洛伊德(Freud, Sigmmund 1856-1939)—精神分析　Ⅳ. ①B84-065

中国版本图书馆 CIP 数据核字(2021)第 111632 号

责任编辑　柯国富
助理编辑　祝艺菲
封面设计　谷　夫
技术编辑　金　鑫　钱宇坤

JINGSHEN FENXI YU WUSHENLUN
精神分析与无神论
——弗洛伊德的贡献
姜　艳　著
上海大学出版社出版发行
(上海市上大路 99 号　邮政编码 200444)
(http://www.shupress.cn　发行热线 021-66135112)
出版人　戴骏豪
*
南京展望文化发展有限公司排版
江苏凤凰数码印务有限公司印刷　　各地新华书店经销
开本 890mm×1240mm　1/32　印张 5.75　字数 139 千
2021 年 6 月第 1 版　2021 年 6 月第 1 次印刷
ISBN 978-7-5671-4253-4/B·123　定价　48.00 元

前　言

弗洛伊德是一位探索者，起初从对神经症的探索揭示症状的含义，闯入了人类的潜意识的心理世界中，并沿着这一路径进入更加广阔的艺术、宗教等人类文明的领域，探寻人类痛苦的终极根源。弗洛伊德通过创造“力比多”概念，揭示了人类生理的能量对心理的影响，将身和心两个维度联系起来。弗洛伊德也试图将从对人的心理的理解中获得的成果，运用到对宗教现象的理解中去。本书尝试对他这一理解的方式、路径和内容进行探讨。

弗洛伊德不断地提出、修正、更新自己的观点，精神分析理论也一直处在动态变化过程中，最终构建了庞大的、错综复杂的精神分析理论体系和框架。在这样的背景之下，研究弗洛伊德对宗教的理解，首先要厘清精神分析理论的基本概念，再进一步探讨弗洛伊德是如何运用精神分析理论来诠释宗教的相关议题，探讨其宗教研究的价值与局限。因而，本书是在研读弗洛伊德精神分析原典基础上，结合宗教学的研究重点，发现俄狄浦斯情结是精神分析理论的核心，俄狄浦斯情结的要素贯穿于弗洛伊德的宗教投射论、宗教起源论、宗教功能论，将这三部分作为本书的主体框架，尝试进行心理学与宗教学的跨学科研究。

弗洛伊德一直以无神论者自居，也被学界划入无神论的阵营，本书拟以近现代西方宗教学为背景，从宗教学、心理学两条路线出发，在中国的语境中，系统全面地诠释弗洛伊德的**无神论**思想。通过回到精神分析理论的原典,在国内国外研究的基础上进行深入发掘,厘清被误读的概念和思想,以客观中立的态度,探寻真理的目的,着重阐述:弗洛伊德转向宗教研究的动因和目的;弗洛伊德如何将精神分析的核心概念如俄狄浦斯情结、投射等运用至宗教研究,以及此种运用对解读宗教所产生的影响与存在的问题;从弗洛伊德的宗教功能论出发探讨宗教与科学的关系,以及精神分析作为一种学科的学科性质;探索宗教对于个体心理的意义和价值;同时分析弗洛伊德运用精神分析理论来诠释宗教议题的可能性、合理性和局限性。

正如弗洛伊德自己对当时精神分析应用现状的分析,精神分析是一种深蕴心理学,人们自动地把精神分析应用于知识的无数领域。但这些领域是以专门化的知识为前提的,精神分析者没有掌握这些专门知识,而掌握这些专门知识的那些人,对精神分析并没有深入的了解。精神分析家,包括弗洛伊德本人在做了不确定是否适当的仓促准备后,以业余人士的身份开始涉足诸如神话、文明史、人类文化学和宗教学等知识领域。因而,精神分析进入这些领域后,必然会存在很多不足,引起很多批评和质疑,但不可否认的是,精神分析也给宗教学研究带来了独特的洞见和思考。作为一位欲走出自身民族处境进身世界舞台的学者,弗洛伊德的理论与实践值得正逐步走向国际的中国学界参考和反思。

目　录
Contents

第一章
弗洛伊德无神论思想研究概述

西格蒙德·弗洛伊德(Sigmund Freud),奥地利著名精神病学家,精神分析学派的创立人,20世纪最伟大的心理学家之一,西方现代弗洛伊德主义哲学学派的巨臂,被誉为“与牛顿、达尔文、马克思、爱因斯坦一样的世界伟人”。他将哲学概念中的潜意识(unconscious)[①]引入精神病学领域,拓展了潜意识的内容,并提出人格结构地形学,强调性欲理论,特别是幼儿心理性欲。在精神分析之外,他的论著涉及宗教、文学、艺术等诸多领域。作为20世纪最具影响的思想家之一,他的思想和理论从问世至今一直饱受争议,但这并没有影响精神分析理论对当代哲学、艺术、宗教、文学、语言学等领域的渗透和影响,特别是他所构建的潜意识理论带来的认识论的转变,对宗教学和哲学产生了深远的影响。

对于宗教的论述,弗洛伊德曾正式发表作品,从《强迫行为与宗教活动》(Obsessive Actions and Religious Practices)(1907)直到他临终前最后一部作品《摩西与一神教》(*Moses and Monotheism*)(1939),这期间宗教问题一直是他思考和关注的重点。他的宗教著述涉及图腾的起源、人神关系、圣餐、宗教观念产生的根源、宗教教义的功能、罪恶感的分析,以及对于摩西与一神教的考察等。弗

① 潜意识又被译作无意识,引用时保留“无意识”一词的表述。

洛伊德所创立的精神分析理论融入叔本华、尼采开创的现代西方非理性主义思潮之中，潜意识理论也被认为是科学和哲学交叠融合的产物。因为它既建立在临床经验的基础上，同时又是一系列推测和思辨的结果，这使得精神分析理论不可避免地带有一种经验假说的性质。

在精神分析理论日趋成熟的时期，弗洛伊德着手将从个体神经症症状的治疗中所构建的精神分析理论运用到宗教领域，这样的诠释必然有其可商榷之处。但同时我们也看到他的宗教研究围绕着人类不仅是作为独立的个体在经受苦难，同时作为社会的一个部分在承受生存的困扰。他将研究主题从精神分析理论转向宗教，转向人们普遍存在的痛苦，获得幸福的限制，如何生活的伦理问题。在《一个幻觉的未来》中，他明确提出精神分析主要关注的是"人类的爱以及痛苦的减少"①，这样的关注也是人文科学研究核心的出发点。

第一节　国内研究现状

一、精神分析理论及其评述的译介

在国内，对精神分析思想的研究从翻译弗洛伊德的著作开始，主要涉及三部分：一是关于弗洛伊德作品的翻译，二是翻译国外学者对弗洛伊德思想的论述，三是关于弗洛伊德传记的翻译。

新中国成立前，就有学者零散翻译了弗洛伊德的部分文章，如《精神分析引论》（高觉敷译，1936）、《精神分析引论新编》（高觉敷

① 弗洛伊德.一个幻觉的未来（1927）[M]//车文博.弗洛伊德文集（第12卷）.北京：九州出版社，2014：59.

译,1936)、《群众心理与自我分析》(夏斧心译,1929)等。[①] 新中国成立后至20世纪70年代末,精神分析一度成为理论研究的禁区,无人涉猎。80年代后,对精神分析理论的介绍日渐增多,直至现今,精神分析成为国内众多学者密切关注的领域。截至2020年,最新的、相对全面的翻译文集是车文博教授主编的《弗洛伊德文集》12卷本(九州出版社2014年6月版)。该套文集依据英国伦敦霍格思出版社(The Hogarth Press)1956—1974年出版的《标准版西格蒙德·弗洛伊德心理学著作全集(24卷)》翻译而来,是新中国成立以后第一部关于弗洛伊德的文萃性译著,将英文标准版全集中标重点符号的代表著作全部译出,如:《癔症研究》《日常生活的精神病理学》《释梦》《爱情心理学》《精神分析新论》《自我与本我》《自传》等论著与论文集,共计12卷。此套文集也包含了弗洛伊德论述宗教的代表作品,包括《图腾与禁忌》(1913)、《摩西与一神教》(1939)、《一个幻觉的未来》(1927)、《文明及其缺憾》(1930)。部分与宗教相关的作品暂无中文版本:Obsessive Actions and Religious Practices(1907)、The "Uncanny"(1919)、*Group Psychology and the Analysis of the Ego(1921)*、A Religious Experience(1928)、A Comment on Anti-semitism(1938)。

在精神分析学的评述方面,早在20世纪30年代,便有学者陆续翻译介绍了对精神分析学的著述,如《弗洛伊德和马克思》(董秋斯译,1940)、《精神分析与辩证唯物论》(董秋斯译,1947)、《弗洛特心理分析》(赵演译,1933)。20世纪90年代后,我国学者翻译引入了大量的世界各国学者对精神分析理论及其发展的分析资料,使得精神分析在国内获得了非常快速的传播和发展,弗洛伊德的名字也被大众所熟悉。

① 燕国材.中国心理学史[M].杭州:浙江教育出版社,2005:645.

2021年是弗洛伊德逝世82周年，在他去世后，有关他的传记可谓汗牛充栋。国内学者也翻译了多个版本的传记，其中较有代表性的传记的作者和出版时间是：彼得·盖伊（Peter Gay，2015）与彼得·克拉玛（Peter D. Kramer，2014）。遗憾的是恩斯特·琼斯（Ernest Jones）——弗洛伊德指定的传记作者所著的弗洛伊德传记至今仍未被译成中文。美国学者彼得·盖伊的《弗洛伊德传》是迄今为止所出版的传记中，最具分量且描写最翔实，被认为是公正且充满创意的伟大传记。此外，美国精神科医生彼得·克拉玛所著的《弗洛伊德传》，作为畅销书，受到较多的关注。彼得·克拉玛从第一章便亮明批判的态度，他认为弗洛伊德的理论架构整个都是错的，其提出许多错误的心理概念，但该研究刺激了现代时期的文化形成。在此传记中，作者以非常短小的篇幅批判地评述了《图腾与禁忌》这部作品，认为此部作品的叙述是建立在错误的人类学基础上，对达尔文学说的理解也不尽正确，并认为《摩西与一神教》就一部历史著作而言并不符合当代标准。克拉玛的评价可以说是中肯的，也得到了很多学者的认同。

二、精神分析与宗教的对话

在心理治疗实践领域，精神分析理论拥有众多的追随者。在理论研究中，围绕精神分析理论以及精神分析在文学、艺术、哲学等领域的研究也灿若繁星。但在精神分析与宗教的交叉研究领域，主要以译介国外学者的著作、评述为主，仅有少许研究论文、著作发表。

陶飞亚教授翻译的《宗教的七种理论》一书中，专门用一章介绍弗洛伊德的宗教观点，将其与埃米尔·涂尔干（Émile Durkheim）、卡尔·马克思（Karl Heinrich Marx）、米尔恰·伊利亚德(Mircea Eliade)等人的理论并列。作者包尔丹(Daniel L. Pals)在解释选择的原则中提到,所选取的七种理论的标准不仅对宗教而且对我们这个世纪的整个知识文化有着决定性的影响。在提到卡尔·荣格(Carl Gustav Jung)[①]与弗洛伊德之间的取舍时,他认为,荣格虽然以一种精巧的、富有同情的、平和的方法对待宗教,并且把宗教资料广泛地用于他的心理学研究中,但他提出的关于宗教的心理学功能解释的例子,比弗洛伊德要稍欠严密和一致性。从理论的完整性与系统性来看,荣格对宗教的论述确有欠缺。

张雅平于20世纪90年代翻译了苏联学者马·阿·波波娃(M. A. IIOIIBA)所著的《精神分析学派的宗教观》,作者从唯物主义哲学观出发对弗洛伊德及其继承者荣格和弗洛姆等人的宗教学原著作了具体分析和评述,并力图对他们宗教学理论的文化史根源、认识论根源、社会根源和心理根源进行描述、分析、批判。从历史唯物主义的角度评价了弗洛伊德在宗教研究领域提出的观点,以及他的宗教观与整个精神分析学的关系。她认为弗洛伊德虽然是无神论的宗教观,但其推论是建立在唯心主义的立场之上。

埃·弗洛姆(Erich Fromm)[②]于1967年所著的《精神分析与宗教》是一部篇幅不长的著作,他从人本主义的立场出发,从对人的

---

① 卡尔·古斯塔夫·荣格(1875—1961)是瑞士著名的心理学家,精神分析学派的代表人物之一,分析心理学的创始人。曾受弗洛伊德的赏识,一度被指定为精神分析学派的"继承人"和"王储",后因观点分歧而与弗洛伊德分道扬镳,创立了自己的分析心理学派。他提出心理结构整体论的方法,尤其是引入集体潜意识和原型等概念,对心理学、宗教、文学、艺术等领域都产生了深远影响。

② 埃·弗洛姆(1900—1980)是当代美国著名精神分析学家、哲学家和社会学家,也是新弗洛伊德主义的最重要的理论家、法兰克福学派的重要成员,在西方社会享有很高的声誉。他也被称为20世纪具有某种独特才能与魅力的思想家,杰出的现代社会心理学和人道主义伦理学家,享有"20世纪的人道主义者""美国最具影响力和最受欢迎的精神分析学家之一"等美誉,在当代思想潮流中有着重要的地位。

关怀的角度为起点，探讨了弗洛伊德与荣格研究宗教的方法上的差异，并打破人们惯常认为弗洛伊德“反”宗教，荣格“亲”宗教的刻板印象。他认为荣格提倡的相对主义立场，其精神实质根本上是反对犹太教、基督教和佛教这些宗教的，而弗洛伊德是为了伦理而反对宗教——一种可以称之为“宗教的”态度。荣格把宗教降低为一种心理现象，与此同时把潜意识提高成一种宗教现象。弗洛姆通过探讨权威主义与人本主义宗教的区别，以及“社会适应”的精神分析家和“治疗灵魂”的精神分析家的不同，阐释精神分析对宗教而言，并非是截然对立、水火不容的敌人，而是可以为宗教实现其关心人的灵魂、展示人的爱与理智的力量等目标做贡献的理论之一。

《禅与心理分析》是禅学大师铃木大拙(Suzuki Teitaro Daisetz)①博士与心理分析学家弗洛姆合著的。该书是根据两位作者于1957年8月在墨西哥的一项为期七天的座谈会上的讲稿整理而成。铃木博士从东西方和自然的关系的差异讲起，进而讲到禅中的“无意识”。而他所提的无意识并不等同于精神分析学派的无意识概念，他将禅宗的“未知境”与无意识相类比，并提出禅的无意识，在这个意义上禅的无意识是前科学的，意识是在进化的过程中某段时间，从无意识觉醒的。铃木博士区分出“本能的无意识”与“训练的无意识”，而这点与精神分析是不同的，精神分析领域所指的无意识更多的是不被意识所接受的本能冲动。弗罗姆在此书中所提及的主要是“人道主义”精神分析与禅宗、宗教的不

① 铃木大拙(1870—1966)，日本著名禅宗研究者与思想家。曾任东京帝国大学讲师、大谷大学教授、美国哥伦比亚大学客座教授等职。在镰仓圆觉寺师从著名禅师今洪北川开始学禅，曾从事佛教典籍的英译和西方哲学、宗教学著作的日译，熟悉西方近代哲学、心理学等方面的成果。多次到美国和欧洲各国教学、演讲。由于他对禅学的宣扬，使得西方世界开始对东方佛教产生兴趣，也刺激了东方人对佛教的再度关注。他对于禅学最大的贡献在于编辑与翻译禅宗著作，并在讨论禅的作品中把禅学与科学、神秘主义相联系，从而激起西方世界对禅学的普遍兴趣。

同之处。他认为禅与心理分析都是关乎人的本性的理论,并且是人的泰然状态(well-being)的实践方法。两者各自代表东方与西方的典型思想。禅是印度的理性与抽象思考同中国人讲求实际的性格相融合的结晶。心理分析全然是西方的,禅则全然是东方的。两者的区别大于相似之处。心理分析是一种立足于科学的方法,是非宗教性的。禅则是一种达到开悟的理论方法,是一种体验,这种体验在西方人看来,可以说是宗教性的或神秘性的。心理分析是一种对精神疾病的治疗学,禅则是通往精神拯救的道路。

弗洛伊德在论述宗教时并未提及佛教,但由济群法师[①]所推动的佛学与心理治疗的对话在国内引起了精神分析学者的兴趣。2008年秋,在苏州西园寺召开了主题为"佛法与心理治疗"的论坛,有近百位佛教界人士及心理学界的专家学者参与。而后,推出了佛学与心理治疗丛书,翻译出版了五本著作:《正念生命中重要之事:佛学与精神分析的对话》《精神分析与佛学》《平常心:禅与精神分析》《正念与接受:认知行为疗法第三浪潮》《意识的转化》。这些书的作者都是心理学专业人士,同时又在研修佛法,这些成果是他们运用佛法认识人类心灵、解决心理问题的宝贵经验,是古老东方智慧与现代西方文明的结合,将其出版旨在关注人的心灵与个人幸福。

除了上述翻译介绍的作品外,也有人类学界的学者在人类学领域的著作中介绍弗洛伊德的宗教相关研究。金泽在《宗教人类学说史纲要》(2010)"图腾崇拜"一章中,简要介绍了弗洛伊德的

---

① 济群法师(1962—　),1984年毕业于中国佛学院,随后至福建佛学院、闽南佛学院参学任教。现任戒幢佛学研究所所长,闽南佛学院研究生导师,长期从事唯识、戒律的研究及讲授。著有《生命的痛苦及其解脱》《金刚经的现代意义》《心经的人生智慧》《学佛者的信念》《幸福人生的原理》等。

《图腾与禁忌》一书,并专门介绍了弗洛伊德在《图腾与禁忌》一书中所提出的“原始父亲”神话,认为弗洛伊德在宗教起源问题上的论述根基不牢,不是实证的而是推测的。张志刚在《宗教哲学研究》(2009)“宗教经验”一章中援引了正反两方面对弗洛伊德宗教起源观的评价。最正面的评价来自弗洛伊德本人,负面评价中尖锐的批评来自国际宗教史学会前秘书长夏普,他认为:一方面,该书看似一本人类学著作,大量利用了许多名家观点,但人类学家几乎都把它看作胡言乱语而不予理睬;另一方面,在宗教学家看来,该书虽然探讨了受人关注的宗教起源问题,几乎引用了所有的权威理论,但稍有背景知识或历史意识的读者都会感到,它就像一个摆满了哈哈镜的闹市,里面什么都有,可统统变形了,看不到任何历史真相,这样一种歪曲历史的理论纯属胡说八道,根本不值得认真考虑。

以上主要是介绍国外学者对弗洛伊德宗教研究的评价。此外,国内研究自1998年以来,仅有20篇论文关注弗洛伊德宗教方面的论述,主要集中在弗洛伊德对于宗教起源论述的介绍及简单述评。近几年,国内青年学者开始关注精神分析学界对宗教的论述,陆丽青的《弗洛伊德的宗教思想》(2011),较为全面地介绍了弗洛伊德在宗教起源、宗教本质、宗教与科学、宗教与道德等领域的观点,是国内第一本专门介绍弗洛伊德宗教观的专著。梁恒豪的《信仰的精神性进路》(2014),介绍了精神分析的代表人物荣格的宗教观,从对荣格的基督教心理观形成至关重要的家庭背景及其个人的经验历程入手,探究荣格宗教心理思想的根源、发展脉络,考察了荣格关于上帝形象、三位一体教义的观点。

可见,在精神分析与宗教的对话中,我国研究主要以译介为主,本土化的研究寥寥可数。

第二节 国外研究现状

心理学与宗教均关注人类的生存质量,期望给人们寻求有意义、有目的的幸福生活提供指导。心理学在创立之初,便对宗教有浓厚的兴趣。美国著名的心理学家威廉·詹姆斯(William James),在1902年出版了《宗教经验种种》一书,十年后,弗洛伊德出版了《图腾与禁忌》。由于心理学界将宗教降为一种心理现象来进行研究,遭到来自宗教学领域的众多批评和反对意见。纵然如此,20世纪重要的思想家:保罗·蒂利希(Paul Tillich)、雷茵霍尔德·尼布尔(Reinhold Niebuhr)、保罗·利科(Paul Ricoeur)都关注到了弗洛伊德的宗教观,并将其作为重要的研究对象。

蒂利希对于精神分析的研究成果持相当开放的态度,他运用精神分析理论帮助阐明"终极关怀"中的心理动力问题,他认同潜意识动机的存在,以及潜意识对某些宗教活动、罪的问题、个体接纳的需要的影响。陈树林认为蒂利希从开放的、对话的视角阐释了精神分析运动对宗教学发展的益处。第一,他认为精神分析学以心理学材料的科学实证性给宗教学提供了令现代人信服的证据,使宗教学以象征、神话、比喻、隐喻的文本表达变成有说服力的真实的心理学证明材料,使其能够被习惯科学实证思维方式的现代人认同和接受。第二,精神分析学有利于对"罪"的意义的重新发现。第三,深层心理学帮助宗教学重新发现了决定我们的意识和决断的"恶"的结构。第四,精神分析学有助于宗教学对"道德主义"的反驳。①

---

① 陈树林.精神分析学理论价值的神学阐释:蒂利希对精神分析学与基督教神学的对比分析[J].学术研究,2004(6):57.

同时,蒂利希也注意到精神分析的局限性,忽视了人的存在的情形以及作为自由个体的本质。当然,蒂利希也不同意弗洛伊德典型的心理决定论。

在心理学与宗教学的对话中,另一位杰出的思想家是雷茵霍尔德·尼布尔(Reinhold Niebuhr),他对弗洛伊德的思想给出了不少有趣的洞见。他认同弗洛伊德的"情结"理论,认为弗洛伊德认识到了个体存在的有限性的本质,但由于弗洛伊德自然主义的立场,使得他不能看到自由和超越的存在。他批评弗洛伊德将人类所有的行为都归因于驱力、生活经历、文化,这导致了其对个体和社会的悲观主义的态度。尼布尔认为在自由的问题上,并不是弗洛伊德个人的局限,而是整个心理学的局限,自由能够允许我们超越可预测的时空的限制,而心理学只能研究可预测的时空范围之内的东西,心理学若想对人类的理解有所突破,必须超越自然科学的束缚。①

20世纪法国杰出的思想家、法国诠释学学派的创始人利科,在其著作《论解释: 弗洛伊德与哲学》一书中,将弗洛伊德的精神分析学置于认识论的高度来加以理解和研究。他认为,精神分析学是科学与诠释学的一种混合物,是一门注释性的艺术,通过解释表面现象而发现隐藏在其背后的东西,由此在分析者和被分析者之间创造一种被分享的理解。在此书的第二章第三节,利科对弗洛伊德的宗教观进行了详细的考察。利科明确提出无论有信仰者还是无信仰者,都不能因为弗洛伊德的科学主义和不可知论而回避他对宗教的批评。② 尽管如此,利科对弗洛伊德宗教观点持"存

① Nelson, James (2009), *Psychology, Religion, and Spirituality*, New York: Springer Science Business Media, 35.

② Ricoeur, Paul, translated by Denis Savag (1970), *Freud and Philosophy: An Essay on Interpretation*, New Haven and London: Yale University Press, 230.

疑”的态度，他详尽分析了弗洛伊德关于宗教仪式与幻觉、宗教起源、“压抑的回归”、宗教与文明等主题，也指出了弗洛伊德在进行宗教研究时所使用的研究素材、推理逻辑、分析方法等方面存在的问题。例如，他认为弗洛伊德对宗教情感没有任何的兴趣；对阿摩司、何西阿、以赛亚的宗教学以及《旧约·申命记》的宗教学也无兴趣；“压抑的回归”的观点使得他离开了诠释学的路径，而他在历史重构的领域又绝不是专家。《摩西与一神教》仅仅是弗洛伊德宏大项目的一个片段，他的目的是将精神分析的方法运用到整个《圣经》的分析中。

以上几位均为西方非常著名的思想家，在宗教学界享有盛名，可见西方宗教学界也关注到弗洛伊德的无神论思想，并将精神分析与宗教学进行了初步的整合工作。国外学者对弗洛伊德宗教观的研究主要分布在宗教学、心理学、宗教心理学、哲学等领域，宗教社会学、人类学领域也有所涉及。国外研究者所使用的研究材料主要来源于弗洛伊德的著作、他与朋友的通信、传记以及自传。研究的内容基本涵盖了弗洛伊德所提出的关于图腾起源，宗教在文明中的作用及价值，宗教观念的意义，宗教体验，宗教情感等分析，涉及较多的是《图腾与禁忌》《文明及其缺憾》《摩西与一神教》中的宗教观。每个领域的研究者均从不同的视角出发去研究其宗教观，呈现出不同的态度和观点。

从国外英文期刊发表的研究论文来看，从20世纪40年代至2020年，共搜索到相关英文文献116篇，每年均有对弗洛伊德宗教观的评介论文发表，而近五年发表数量呈上升趋势，发表数量占所收集文献的50%。可见弗洛伊德宗教观虽不是学术界研究的主流，但学界对其的关注与研究从未停止，也可见虽然其思想提出距今已近百年，但对当代社会仍具有理论和实践的意义和价值。

通过对英文文献的阅读分析发现，研究者的视角主要集中在以下六方面。

一、弗洛伊德无神论思想的理论渊源

有研究者认为弗洛伊德得出的罪恶感的起源和宗教情感的结论,源于莱那赫(Reinach's Culte)的宗教理论模型,也与威特斯所设想的人类史前景象(比如父亲被自己的孩子所杀害)是人类的宗教、法律与政府的概念的起源有关。① 但弗洛伊德最终提出了与之不同的解释,并提出"历史的真理"这一创新的概念。弗洛伊德认为自己与斯宾诺莎有很相似的地方,也有研究者提出《一个幻觉的未来》是根据斯宾诺莎的蓝图和替代宗教的目的而写的。② 弗洛伊德曾说费尔巴哈是他最敬佩的哲学家,在读大学二年级时阅读的大量费尔巴哈的著作,对他的宗教观产生很大的影响。学界对于他们两者的关系也做了大量的考察。有研究者认为弗洛伊德和涂尔干一样,受犹太教哈西德主义、神秘主义的影响。③ 西方研究者主要从弗洛伊德的教育背景以及他所处的时代的生存环境来理解弗洛伊德无神论宗教观的影响因素。

二、弗洛伊德个人经历与无神论思想的关系

研究者关注较多的是他对自身犹太身份的矛盾情感。多数研

① Cotti, Patricia (2014), "I Am Reading the History of Religion: A Contribution to the Knowledge of Freud's Building of a Theory," *History of Psychiatry*, 25 (2), 188.

② Vermorel, Henri (2009), "The Presence of Spinoza in the Exchanges Between Sigmund Freud and Romain Rolland," *The International Journal of Psycho-Analysis*, 90 (6), 1235.

③ Wexler, Philip (2008), "A Secular Alchemy of Social Science: The Denial of Jewish Messianism in Freud and Durkheim," *Theoria: A Journal of Social & Political Theory*, 55 (116), 7.

究者都发现弗洛伊德一直努力在他的著作中消除希伯来语以及犹太身份的痕迹,以防他的理论被认为仅是犹太人的。他将自己看作是普世主义者、为科学而努力工作,认为任何反犹太的运动都有可能影响他的理论和声誉。[①] 研究者从 19 世纪欧洲的中部和东部,犹太人所经历的社会环境,弗洛伊德的家庭历史来审视他的犹太身份。[②] 怀特认为弗洛伊德早期追随者对宗教的态度比人们普遍认为的更加复杂,反闪族主义形成了一个完整的背景,没有这个背景,精神分析对宗教的观点,包括精神分析的观点本身,就无法被理解。[③] 在反闪族主义的背景下,他一生几乎只与犹太人交往;但又回避犹太人的宗教仪式,称自己为无神论的犹太人,一直寻求非犹太人对其精神分析运动的认同。弗洛伊德的生活和思想需要放在当时的维也纳,欧洲中部和文艺复兴的背景,以及新兴的犹太中产阶级的解放和城市化的背景下来理解。尽管弗洛伊德故意淡化他的犹太身份来避免反犹太的攻击,但他仍然是那个时代的犹太人的典型代表——里瓦特心态。研究者里安从新精神分析理论视角出发,提出弗洛伊德由于早年生活中缺乏亲人充分的爱导致他持续终生的孤独感、无助感、无望感,唤起了他对宗教体验的嫉羡,因而对宗教持负面态度。[④] 理查兹提出弗洛伊德具有攻击性的无神论思想或许是对其他人信仰的对抗。[⑤] 阿佩尔鲍姆认为《摩西与一神教》体现了他自身与父母的矛盾情感,是弗洛伊德自

---

① Klein, Dennis B. (2007), "Freud's Little Secret," *Yale Review*, 95 (3), 66.

② Kaplan, Robert (2009), "Soaring on the Wings of the Wind: Freud, Jews and Judaism," *Australasian Psychiatry*, 17 (4), 321.

③ Cataldo, Lisa M. (2019), "Old and Dirty Gods: Religion, Antisemitism, and the Origins of Psychoanalysis: By Pamela Cooper-White," *Journal of Pastoral Theology*, 29 (3): 189.

④ LaMothe, Ryan (2004), "Freud's Envy of Religious Experience," *International Journal for the Psychology of Religion*, 14 (3), 162.

⑤ Richards, Arnold (2009), "The Need not to Believe: Freud's Godlessness Reconsidered," *Psychoanalytic Review*, 96 (4), 563.

身俄狄浦斯情结的体现。①

三、对弗洛伊德无神论思想的批判

从宗教学角度开展研究的学者对其批判最多，克朗默从当代的分析哲学出发考察弗洛伊德对宗教分析的逻辑和结论。他认为：一方面，弗洛伊德尽管有些思想的洞见，但很多推理是无效的，理论假设也值得怀疑；另一方面，弗洛伊德并没有对自己采纳的他人的主张进行解释和分析，也没有对他的结论提供推理的或有参考价值的资料②，但他也提倡用认识论的方法去理解弗洛伊德所提的"愿望""幻象"，用这样的视角可以发现他的宗教观念起源的内在理论假设，去发现他在宗教信念理论背后的潜在预设，及其与文化社会的关系、概念之间的联系。也有研究者对弗洛伊德的批判非常彻底，认为其思想不值一提，没有价值。比如，批判弗洛伊德在研究中将同时代的未开化的民族作为人类发展之初的状态来看待，其思考背后所依赖的进化论思想，研究方法的化约主义，以及其思想中所蕴含的欧洲殖民主义的态度，从而质疑其研究宗教和文化的恰当性。③ 西蒙兹批评了弗洛伊德的《宗教体验》这篇短文：弗洛伊德对美国医生的宗教体验的分析违背了他自己提出的分析原则，即在分析中不可以有事先的预设，这样的分析是野蛮分析；同时，也忽略了美国医生所生活的背景和文化。④ 杰拉德

① Appelbaum, Jerome (2012), "Father and Son: Freud Revisits his Oedipus Complex in Moses and Monotheism," *American Journal of Psychoanalysis*, 72 (2), 169.

② Kronemyer, David E. (2011), "Freud's Illusion: New Approaches to Intractable Issues," *International Journal for the Psychology of Religion*, 21 (4), 250.

③ Brickman, Celia (2002), "Primitivity, Race, and Religion in Psychoanalysis," *Journal of Religion*, 82 (1), 53.

④ Simmonds, Janette Graetz (2006), "Freud and the American Physician's Religious Experience," *Mental Health, Religion & Culture*, 9 (4), 402.

通过对弗洛伊德的书信，以及《摩西与一神教》的研究，提出弗洛伊德认为在幻觉的背后存在一个被遗忘的真理，但在弗洛伊德对于摩西历史的解释中，唯一正确的是摩西是存在的，而其余的都是弗洛伊德精神世界的幻觉。[①] 有研究者运用拉康“宗教的胜利”的观点，去驳斥弗洛伊德对宗教世俗化的期望，并认为西方过去几十年的社会政治现象证明，宗教作为上层建筑已融入西方社会的经济结构中。[②] 在对弗洛伊德的批判中，涉及弗洛伊德进行宗教研究所使用研究资料的合法性与科学性、弗洛伊德所持有的科学立场以及用精神分析理论来分析宗教的限制。

四、对弗洛伊德无神论思想价值的肯定

威尔认为弗洛伊德的思考并不是对宗教的偏见，而是贯穿在他整个思想体系中，并呼吁结合他其他的著作来看待他的宗教观。[③] 有研究者提出《摩西与一神教》作为理论文本很重要，它反映了弗洛伊德对于真理的思考，以及掌握真理的可能性、危险和内在的困难。[④] 也有研究者肯定弗洛伊德对启蒙运动精神的继承，相信运用理性和科学可以阐明宗教信念、意识和象征的非理性的、潜意识的维度。弗洛伊德另一个贡献是他的文本是经典的也是有影响力的，为对宗教现象展开深入的多元的对话创造了条件。这些对话并不局限在精神分析领域，还包括哲学、历史学、文学、女权

---

① Kreyche, Gerald F. (2005), “Oh, God!,” *USA Today Magazine*, 134 (2722), 82.

② Johnston, Adrian (2020), “The Triumph of Theological Economics: God Goes Underground,” *Philosophy Today*, 64 (1), 3.

③ Will, Herbert (2006), “An Offspring of Love. Freud on Belief,” *Luzifer-Amor: Zeitschrift Zur Geschichte Der Psychoanalyse*, 19 (38), 110.

④ Blass, Rachel B. (2003), “The Puzzle of Freud’s Puzzle Analogy: Reviving a Struggle with Doubt and Conviction in Freud’s Moses and Monotheism,” *The International Journal Of Psycho-Analysis*, 84 (3), 675.

主义、后现代的研究者,这些领域的研究者会发现弗洛伊德的思想是有价值的。弗洛伊德也是我们的宗教文化和宗教争论中不可回避的部分,他给我们提供给了关于性、攻击、罪恶感和人格的更广泛的假设,让我们看到一个自称为“不信上帝的犹太人”提供了有关信仰的丰富的讨论。布拉斯(2012)在有关宗教真理问题的论文中,指出虽然弗洛伊德得出宗教不过是幻觉——人类愿望的表达,但他同时也指出,对上帝的信仰,依然包含真理,但这个真理是“历史的真理”,不是“物质的真理”。[①] 弗洛伊德对“历史的真理”与“物质的真理”的区分是复杂的。“历史的真理”并不意味着历史上的真实事件或者客观事实,而是过去的现实在人类心灵中的印象,宗教观念由此塑造,并且受人类愿望的影响。因此,当某人说上帝存在时,他是在表达一个内在的真理(原始父亲)。弗洛伊德所强调的“历史的真理”,引起了学术界对于上帝存在这样的问题是否还是个问题的争论。有学者认为在这个意义上,就不存在上帝是否存在这样的问题。宗教可以被认为是在幻觉领域自我或者关系的体验,但相当多的学者持反对的态度。有研究者通过研究利科和蒂斯对弗洛伊德宗教思想中被忽视的部分,提出弗洛伊德反对宗教的思想的价值在于,让我们看到固执、狂热和暴力有可能产生于对传统未经思考的接受,并提出与神圣的意义结构保持批判关系的方法之一,便是精神分析所使用的“镜子”解释策略。[②] 可见,在对弗洛伊德持肯定态度的研究中,并不局限于对他宗教观点的赞同,更多的是肯定他思考的独特角度以及对其他领域的影响。

---

① Ross, Mary Ellen (2001), “The Humanity of the Gods: The Past and Future of Freud's Psychoanalytic Interpretation of Religion,” *Annual of Psychoanalysis*, 29, 263.

② Wahl, William H. (2008), “Pathologies of Desire and Duty: Freud, Ricoeur, and Castoriadis on Transforming Religious Culture,” *Journal of Religion & Health*, 47 (3), 403.

五、宗教与精神健康的关系

尽管科学技术的飞速发展,全世界范围内仍有大量的人参与灵性的或宗教的活动,但宗教和精神健康之间的关系直到19世纪才被关注。沙可(Charcot)和弗洛伊德将宗教和歇斯底里、强迫性神经症联系起来,并且介绍了两者的显著差异。因而,许多教会认为精神分析理论与传统的宗教态度是冲突的,弗洛伊德及其相关的心理治疗理论也是无神论的。西方社会的心理健康专业人员通常认为宗教是非理性的。[①] 最近几十年,精神病学对于宗教的态度也发生了转变,一些研究者认为宗教信念和实践是应对困难的很重要的资源,认同宗教信仰在某些情况下对精神病理学有贡献。[②] 学者在对从1990—2010年有关精神健康、宗教和灵性的关系的回顾分析中,发现在抑郁、物质滥用和自杀领域,参与宗教活动与良好的心理健康成正相关关系;部分证据表明在与压力有关的失调和痴呆领域,参与宗教与良好的心理健康存在正相关关系;在双相障碍和精神分裂症领域,证据不充分,没有数据表明其他精神障碍与宗教参与的关系,但这并不表示不存在关系,只是这些关系还没有得到很好的研究。[③] 宗教与心理健康的关系是复杂的,这涉及宗教的功能,将在本书第五章进行深入的探讨。

---

① Haj-Osman, Alexandra, et al.(2020),"Religion, Spirituality and Mental Health," *Acta Medica Marisiensis*,66, 9.

② Mendes, J. C. and Prata, J. (2012), "Mental Health and Spirituality/Religion," *European Psychiatry*, 27, 1.

③ Wahl, William H. (2008), "Pathologies of Desire and Duty: Freud, Ricoeur, and Castoriadis on Transforming Religious Culture," *Journal of Religion & Health*, 47 (3), 400.

六、与其他思想家的比较研究

还有部分研究者开展弗洛伊德与其他学者如卡尔·荣格、马克斯·韦伯、雅克·拉康(Jaques Lacan)等人思想的比较研究。布劳恩加特(Jürgen Braungardt)从哲学的角度分析了弗洛伊德与拉康在精神分析视角下对宗教的观点。他认为弗洛伊德发现的潜意识理论对哲学和宗教学认识论的转换产生了深远的影响,潜意识的发现打开新的领域,革新了我们看待主体的方式。他特别强调潜意识理论对拉康的影响:拉康对弗洛伊德的解释,不仅仅与在尼采、阿多诺德传统下的实体的否定辩证哲学一致,还通过提供一个新的方法论开创了新的领域,这个方法论源于精神分析的潜意识理论。在弗洛伊德的无神论之后,拉康对精神分析的结构语言学解释,以新的方式将宗教信仰作为主体结构的显示来解译。他还将宗教学思考融入其他的领域,如关于主体的理论中。拉康对宗教信念所进行的哲学和宗教学的思考所使用的理论来自主体的一个神秘特质,最恰当的词语是"潜意识"。像潜意识、能指、享乐、欲望和其他的一些词语可以融合进一个理论,这与弗洛伊德无神论的观点并不冲突,而是人类作为一个实体,由于其结构的缺陷,创造了宗教。① 迈克尔在论述弗洛伊德与荣格的宗教观点时,并没有刻意将两者进行比较,而是站在相对中立的立场。与弗洛伊德起初认为的宗教是由性压抑所引起的强迫性神经症不同,荣格认为正是因为宗教的缺席而不是宗教的存在,导致了神经症。② 但在这里,不得不提,将弗洛伊德宗教观概述为性压抑引起的强迫

---

① Jürgen, Braungardt (2000), *The Psychoanalytic View of Religion in Freud and Lacan: A Philosophical Analysis*, The Faculty of the Graduate Theological Union.

② Michael, Palmer(1997), *Freud and Jung on Religion*, London: Routledge Press, 13.

性神经症是有失偏颇的。保罗在《韦伯与弗洛伊德：比较与整合》一文中，用专门的一章介绍了两者在宗教观点上的异同。韦伯与弗洛伊德在历史、经验的话题中有相似的视角，但在宗教的意义和价值的判断上有很大的差异。他认为尼采哲学对基督教世界的批判，以及尼采所提出的重估一切价值，对于韦伯与弗洛伊德的宗教观都产生了重要的影响。①

从国内外的研究现状来看，在弗洛伊德宗教观的研究领域中，国外研究者进行了相对深入、广泛的考察和研究，特别是近五年来，出现了较多的研究论文；而从中国文化与语境出发的研究论文非常稀少。在此领域还存在以下的问题值得进一步的研究：其一，弗洛伊德无神论思想、宗教态度的形成背景，尚缺乏全面的交代。任何思想的形成都受其所处的社会的理论思潮以及时代背景的影响。通常传记作家会着重介绍弗洛伊德所处的社会背景和家庭背景，但忽略其所受的理论思想的影响，宗教态度也不是他们所关心的重点。其二，弗洛伊德有关宗教的论述的出发点是精神分析理论，俄狄浦斯情结、投射等精神分析核心概念尚没有在中国的宗教学研究语境中得到充分的阐释，而这部分是理解弗洛伊德宗教思想的关键部分。其三，以往研究较多关注于弗洛伊德对于宗教起源中"原始父亲"的论述，忽略了其"原始父亲"这一概念提出的源头——俄狄浦斯情结，以及弗洛伊德是在何种意义上将俄狄浦斯情结作为宗教起源。其四，运用精神分析理论来分析与理解人类的宗教行为与现象时存在的困难与可行性等问题还需进一步讨论。特别是在中国的语境中，从弗洛伊德对宗教功能的观点到精神分析理论的学科性质为何这一主题尚无深入的研究和探讨。

综上所述，弗洛伊德创建了精神分析理论，并以此为方法，对

① Shapiro, Paul (1992), *Weber and Freud: Comparison and Synthesis*, New School for Social Research.

诸多文化现象产生的深层心理根源进行分析。在多种因素的共同作用下,宗教现象成了弗洛伊德密切关注的领域之一,特别是在其理论发展的晚期,对宗教的研究在他的整个学术活动中占有突出的地位。弗洛伊德从人类思想和行为的深层动机出发,对宗教的起源和发展、宗教观念、宗教体验、宗教行为和教会组织、宗教和文化、人神关系等一系列问题进行了深入的考察。他的观点也存在一些理论上的漏洞,以及无法自圆其说的武断论调,但更多的是独创而颠覆传统的不凡洞见。近百年来,他的理论一直引起激烈的争议,但由他所开创的精神分析研究路径对于人类更全面地理解宗教,有着不可或缺的价值。

总体上,弗洛伊德对宗教持否定、批判的立场,在此基础上,从精神分析的视角来看,宗教的存在对人类的意义和功用体现在哪里呢?弗洛伊德认为宗教终将成为历史,假设如此,人类用什么来代替宗教的功能和作用呢?弗洛伊德对此的解决办法是什么?弗洛伊德认为精神分析理论是像“微积分”一样中立的科学方法,学界如何看待精神分析理论在整个人类知识领域中的位置呢?从研究的重点和重心来看,以俄狄浦斯情结为轴心的人神关系是本研究的重中之重。

第三节 研究意义及研究方法

一、理论及现实意义

宗教心理学①是一门非常年轻的“边缘”学科。迄今为止宗教

---

① 宗教心理学是一门运用心理学的理论和方法来描述、探究及理解宗教的性质、功能以及人类生活中的灵性的学科。

心理学在西方的发展已有 120 多年的历史,许多宗教学家、心理学家均加入宗教心理学的研究阵营,如威廉·詹姆斯、荣格、弗罗姆、奥托等。而在当代中国,宗教心理学还是一门新兴学科,学科体系还远不完善,从事研究的学者为数不多,研究成果非常少,研究力量也亟待加强。

弗洛伊德的宗教观在宗教心理学领域占有非常重要的地位,主要表现在以下几方面:其一,他是推动早期宗教心理学研究的主要力量,开创了宗教研究的潜意识维度,并促使精神分析领域的众多学者去探究宗教生活的本质。他的追随者荣格、兰克、弗洛姆、埃里克森(E. Erikson)都热衷于此。在他的影响下,精神分析学派成了宗教心理学研究的主要力量之一。潜意识理论使宗教学和心理学的关系更加密切,从而使潜意识维度作为宗教学研究的一个重要维度逐渐凸显出来。其二,他的思想不仅影响了无神论者对宗教的看法,也影响了犹太教以及基督教的信仰者对宗教的理解。一些无神论者从弗洛伊德的思想中将宗教简单概括为人类精神的寄托,一些宗教学家也从他的洞见中拓宽了对信仰的研究思路。其三,弗洛伊德思想已经通过书籍、布道和教牧关怀的新模式,渗透到基督教和犹太教的文化中。

终其一生,尽管弗洛伊德对于人类的生活充满了悲观主义的色彩,我们同时看到他开始《摩西与一神教》的写作时,已经 80 岁高龄,遭受癌症的折磨,失去女儿的悲痛,纳粹的迫害,当他经历着痛苦、无助、面临死亡时,依然凭借勇气、能量、创造力和对人类生活的爱,将他的思想贡献给他所属的文化世界。百年后,我们依然在讨论他的思想。随着中国社会和思想的发展,我们需要了解并借鉴世界其他的文化,进行思想的对话。因此,弗洛伊德无神论的宗教思想无论在理论上或是实践上,均具有非常重要的参考价值。

二、研究方法

本书属于人物思想研究，通过搜集阅读弗洛伊德无神论思想的相关原著，调查文献，从而全面地、正确地了解掌握相关历史、现状，并对其进行分析整理，得出有创新性的理论见解。具体研究方法如下。

（一）心理历史法

本书采用心理学家爱利克·埃里克森（Erik Erikson）提出的心理历史法，这种方法把人物的成长和所思所想与他/她所处的历史时代结合起来，承认个体的心理历程与社会的历史阶段有某种平行的关系；认为在研究个人时，不能对特定的人格发展或特定的传记做简单的解释，因为一个人远比"他的可证实的特征"复杂得多。埃里克森把起源论和目的论结合起来，把简单的因果解释与复杂的动机及价值维度结合起来，这一方法也是宗教心理学常见的研究方法之一。对弗洛伊德生平、著作的介绍正是基于这样的思路，因为他所建立的精神分析理论与此有很大关系，而弗洛伊德的宗教观与其成长的家庭、社会和时代背景也是密不可分的。本书在收集并分析了大量文献资料的基础上，介绍了弗洛伊德的生平、著作，简述了他的精神分析理论和宗教观，然后从宗教学中的投射理论、宗教起源论、宗教功能论与精神分析核心概念的关系出发集中论述他的宗教心理观，试图清晰地呈现弗洛伊德对宗教进行的"精神分析"以及他本人对宗教的认识。

（二）文本分析法

文本分析法是研究人物思想时常用的方法，研究工作主要集中在通过对文献的分析来梳理和评述人物的思想。我对弗洛伊德宗教的心理观进行研究时非常注重对原著的阅读,《弗洛伊德文集(英译本)》共24卷,可谓卷帙浩繁,由于时间所限,只阅读并翻译了与本书主题相关的部分内容。另外,对人物传记的阅读有助于深入了解人物思想的概貌并对其思想形成的时代背景和发展脉络有全面而深刻的把握。

第二章
弗洛伊德的生平

他经常出错，时而荒谬，但他却主宰整整一代思潮，因他的影响，人类的生活从此截然不同。

——威斯坦·休·奥登(Wystan Hugh Auden)

弗洛伊德自大学时代，就声称自己是“不信神的犹太人”，因此一直被划入无神论的阵营。他的些许关于宗教的观点，如宗教是人类的集体神经症，宗教起源于远古的“弑父”事件等看似荒诞的论调，为他引来了无数的批评与不屑，但很少有学者关注其观点背后的思考背景与动机。一个人的宗教观既受其成长的环境、教育经历、重要的生活事件的影响，也与其所处的时代息息相关。因此，回顾弗洛伊德生平及其所处的时代背景，是理解其自身宗教观的基础。关于弗洛伊德的生平，已有多种版本的传记发行出版，弗洛伊德本人也于1925年写了《自传》[①]，收录于《弗洛伊德全集》中。本章无意再次喋述弗洛伊德的生平轶事，旨在探讨弗洛伊德作为神经科医生、精神病学家、精神分析理论开创者，关注人内在的心理动力，为何对宗教产生兴趣，且持续终生，并在临终前完成

① 《自传》主要部分写于1924年，实际上德文版出版于1925年，英文版于1927年在美国首次出版。《自传》不是描述个人家庭、生活和工作的一般性自传，而是一部精辟地总结精神分析思想形成和发展的学术性经典。

著作《摩西与一神教》。本章试图通过考察弗洛伊德个人经历、所处时代的思想背景、精神分析理论的发展,来理解弗洛伊德转向宗教研究的原因和目的,其宗教观的影响因素及其宗教研究的方法和思路。

第一节　弗洛伊德无神论思想的影响因素

一、思想背景

任何个体都生活在特定的文化背景之中,会受其所属时代的自然、人文环境的影响。弗洛伊德生活在 19 世纪中叶与 20 世纪上半叶,1856 年 5 月 6 日出生于莫拉维亚(Moravia)的弗莱堡(Freiberg)。1859 年,弗洛伊德 3 岁时,由于经济原因,全家迁至莱比锡,1860 年又搬到维也纳,并一直定居在那里,直至 1938 年被纳粹所迫流亡英国。在这期间,自然科学取得了重大突破,哲学也处于变革之中,宗教学逐渐吸引了不同领域的人来研究宗教议题。其间,发生了两次世界大战,对人类个体产生了极大的触动。弗洛伊德及其所创立的精神分析理论也镌刻在这一历史浪潮之中。

(一) 科学

科学的发展堪称世界现代史上最重大的事件之一,对人类现代文明塑造起着极为重要的作用。在整个 19 世纪,科学取得了辉煌的成就,自然科学的三大发现(能量转化与守恒定律、进化论、细胞学说)拓展了人们思考问题、理解问题的视角,也给人文科学带来了冲击。弗洛伊德也深受当时科学的影响,宣称自己是科学实证论者。

弗洛伊德1873年以优异的成绩进入维也纳大学医学院学习,专业是神经科学。他的指导老师均为当时最顶尖的医学老师,如比较解剖学研究所所长卡尔·克劳斯(Karl Klaus),著名的生理学家恩斯特·布吕克(Ernst Brucke)以及当时的名医、著名的生理学家乔瑟夫·布罗伊尔(Joseoph Breuer)。得益于医学院的培养,弗洛伊德接受了系统的医学教育。直至后来,他也一直试图在科学领地中为他所创立的精神分析理论寻找立足之地。弗洛伊德在写给作家斯蒂芬·茨威格(Stephan Zweig)的信中说,精神分析的根本任务,就是以"冷静审慎的方法"跟魔鬼角力,他所说的魔鬼,就是非理性。他还指出,这种冷静审慎的态度会让魔鬼降服,成为"科学上可以理解的对象"。他在1910年写给桑德尔·费伦奇(Sándor Ferenczi)的信中说,对他来说,真相乃是科学的绝对目标。20年后,他对阿尔伯特·爱因斯坦(Albert Einstein)说了同样的话,说自己总是尽可能说出真相,但不再认为这是他的优点之一,这根本是他的职业。科学主义的医学训练,让弗洛伊德将自己的立场定位为科学的,精神分析理论也是属于科学领域不可或缺的一员。学界对于精神分析是否属于科学的基本态度是一致的,但弗洛伊德所理解的科学是自然科学,时至今日,除弗洛伊德之外,没有学者赞同精神分析属于自然科学,多数研究者认为这是弗洛伊德对精神分析学科性质的误解。围绕精神分析的学科性质,也有着不同角度的深入探讨。

随着时代的变迁,科学与宗教的关系也是处于变化中,但在弗洛伊德所处的时代,较有影响的观点是:科学与宗教之间是对抗的、冲突的关系。这一趋势可以从那个时代出版的同类型的书籍中窥见一斑。德雷伯(John William Draper)在1894年出版了《科学与宗教冲突史》,怀特(Andrew Dickson White)所著的《基督教世界神学与科学战争史》在1896年出版。与此同时,达尔文进化论思想的影响以及19世纪不断增长的世俗化思想,让战争、冲突成为那个时代描述宗教与科学关系的主旋律。弗洛伊德也正是从他所处的时代的背景中,误认为追求真相的学科——精神分析,也属于科学的领域,并从科学宇宙观出发,将宗教放置在科学的对立面展开他对宗教功能的论述。

(二)哲学

从文艺复兴以来,经过宗教改革运动、资产阶级革命、工业革命,欧洲社会的经济、政治、文化和人们的精神面貌发生了重大而深刻的变化。哲学上,以德国古典哲学为代表的近代西方哲学达到了空前的高度。在德国古典哲学之后,以叔本华(Arthur Schopenhauer)和尼采(Friedrich Wilhelm Nietzsche)的唯意志主义为代表,开始了西方哲学由近代向现代的转变。从认识论的角度来看,唯意志论是对理性主义的对抗,是对理性的一次根本扬弃。唯意志论认为在理性背后还有一个决定性的因素,即非理性,非理性打开了西方哲学向新方向发展的通道。柏格森(Henri Bergson)的生命哲学也开始加入其中。柏格森的生命哲学阐述了生命的本质,从有机的、流动的本体的层面阐明生命活动的本质,对理性和以理性为原则的哲学世界观进行了根本的批判。非理性主义哲学在对人的认识上更加深入,相比传统哲学,在"认识你自己"的道路上取得了突破。弗洛伊德的精神分析理论与哲学中的非理性主义形成了呼应。弗洛伊德受了非理性主义哲学思潮的影响,把他们的洞见作为出发点,从而开展自己独立的对人类内心的探究。

弗洛伊德在其《自传》中写道：精神分析与叔本华哲学思想有很大程度的偶合——叔本华宣称情绪的支配作用和性欲的重要性，也意识到压抑机制，但不应因此就归结为精神分析理论的提出是由于弗洛伊德熟悉叔本华的学说。弗洛伊德强调他读叔本华的著作在其一生中是很晚的事情。对于另一位哲学家尼采，弗洛伊德认为，他的一些猜测和直觉，常常惊人地与精神分析的艰苦研究的成果相符合。正因为那一原因，弗洛伊德在很长一段时间里一直避免接触尼采的著作。弗洛伊德声明，只要心绪不受干扰，他并不很关心优先权的问题。[①] 弗洛伊德在其著作中几次提到叔本华，但几乎都提醒读者，精神分析学与唯意志哲学是不同的，它不是唯意志哲学的重复，而是科学研究。如果说两者有所交叠，那主要是因为“英雄所见略同”。哲学家对某些问题早有预见，科学家才经过艰苦的研究得出相似的结论，这是完全可能并可理解的。从历史的角度来看，精神分析理论与非理性主义哲学都属于时代思潮影响下的产物。

（三）宗教学

宗教伴随着人类走过了漫长的道路，人们也早已开始关注宗教相关的议题，但将宗教作为独立研究对象的宗教学则是一门比较年轻的学科。通常认为，宗教学以 1873 年麦克斯 · 缪勒（Friedrich Max Müller）发表《宗教学导论》并明确提出宗教学（Science of Religion）为其正式产生的标志。19 世纪中后期，西方宗教学者们大量借鉴、吸收现代自然科学和社会科学的方法来研究宗教，导致西方宗教学出现了众多的流派，其中较有影响的流派有宗教人类学、宗教社会学、宗教现象学和宗教心理学等。

---

① 弗洛伊德. 自传（1925）[M]//车文博. 弗洛伊德文集（第 12 卷）. 北京：九州出版社，2014：222.

弗洛伊德的宗教研究也受到同时代的宗教研究者们的影响。弗洛伊德在其《自传》中说，他宗教研究工作的主要文献资源来自弗雷泽（J. G. Frazer）的名著《图腾崇拜与族外婚》《金枝集》，并认为这些著作是珍贵的事实和见解的源泉。他在《图腾与禁忌》一书中，引用了宗教人类学家爱德华·泰勒（E. B. Tylor）的研究。[①]泰勒试图用进化论的观点来解释他在南美洲所搜集到的各种还处于原始社会时期的野蛮人的生活资料，并用大量的篇幅论述了宗教起源于原始人的“万物有灵论”观点。同时，弗洛伊德也受冯特的影响，直言像冯特这样杰出的研究者在塔布（Taboo）[②]论题上的观点，尤其能引起他们的兴趣……心理学家威廉·冯特（Wilhelm Wundt）被公认为西方宗教心理学的奠基人。19 世纪中后期，宗教心理学也伴随着心理学与宗教学的发展吸引了更多的学者加入。美国心理学家威廉·詹姆斯（William James）[③]1902 年出版《宗教经验之种种》将自己的研究定位在个人的宗教经验，不涉及宗教的神学、哲学和教会组织诸问题。美国克拉克大学校长斯坦利·霍尔（Granville Stanley Hall），于 1904 年创办《宗教心理学》杂志。1909 年，霍尔邀请弗洛伊德、荣格至美国克拉克大学讲演精神分析。宗教心理学的发展一直存在两种研究取向：一种被称为心理学取向的宗教心理学，冯特、弗洛伊德及其跟随者的宗教研究属于这一阵营；另一种是宗教学取向的宗教心理学。心理学取向的宗教心理学家强调运用心理学理论及原理揭示宗教现象的本质和规律，宗教学取向的宗教心理学家强调运用宗教学原理对宗教活动

---

① 爱德华·泰勒的《原始文化》是宗教人类学的开创性著作。泰勒在书中试图用进化论的观点来解释他在南美洲所搜集到的各种还处于原始社会时期的野蛮人的生活资料，并用大量的篇幅论述了宗教起源于原始人的“万物有灵论”的观点。

② Taboo，即“禁忌”，又被译作“塔布”，引用时保留“塔布”一词的表述。

③ 威廉·詹姆斯，美国心理学之父。美国本土第一位哲学家和心理学家，也是教育学家，实用主义的倡导者，美国机能主义心理学派创始人之一，是美国最早的实验心理学家之一。

中的心理现象提供解释和证明。直至目前,这两支研究队伍不融洽的局面仍在延续。

弗洛伊德所关注的宗教主题:图腾崇拜、宗教起源、宗教发展阶段等并未超出当时研究者的研究范围,也均是其他宗教研究者所关注的议题。他只是在吸取当时宗教学研究成果基础上,运用自己所创立的精神分析理论,试图理解、分析宗教现象,吸引了一批精神分析家加入宗教学的研究,由此开创了精神分析取向的宗教心理学研究路径。

二、弗洛伊德的生平与其理论发展

在心理学对个体的研究中,特别是精神分析取向的研究中,个体的成长经历、家庭环境、重要生活事件、重要影响人物均是不可忽视的研究资料。弗洛伊德之后,有众多学者运用精神分析理论,对弗洛伊德本人进行精神分析式的探究。同时,在众多的对精神分析的批评中,"精神分析不过是一种自传性质的理论"一直存在。因此,了解弗洛伊德的生平,对于理解弗洛伊德本人及其精神分析理论,均是有所裨益的。本书力图从弗洛伊德纷繁复杂的生平资料中,撷取对其宗教观有影响的生活事件与人物资料,以厘清其对宗教的关注,仅是为了扩大精神分析影响的理论需要,抑或是受其个人身份及其成长经历的影响;同时探清弗洛伊德个人成长经历如何影响其宗教观;并简要概述其理论中与宗教相关的重要作品。

(一)童年——犹太身份的影响

1856年5月6日,他出生在莫拉维亚的弗莱堡小城里,父亲是雅各·弗洛伊德(Jacob Freud),一位经济拮据的犹太羊毛商人,母亲是阿玛利亚(Amalia)。他是父亲再婚后所生的第一个孩子,母亲比父亲小20岁。弗洛伊德有两位同父异母的哥哥,这两位哥哥与其母亲年龄相仿;还有五个妹妹、两个弟弟,其中最大的弟弟在1858年死于弗莱堡。作为父母的头生男孩,当弗洛伊德诞生一周之后,弗洛伊德家族的族谱记录了他"进入了犹太人与上帝的契约"里面,就是行过了割礼。弗洛伊德在其《自传》中开宗明义地表示:"我父母都是犹太人,我自己至今仍然是个犹太人。"对于同宗的人中有人通过洗礼的庇护,来避免受到反犹太主义的攻击,弗洛伊德表达了他的轻蔑,他说,"我也依然是一个犹太人",只不过是一个没有宗教的犹太主义者。直至1930年,他在《图腾与禁忌》的希伯来文版序言中写道:"虽然自己对圣书的语言已全然无知;对其祖先的宗教已完全生疏;在民族主义理想中也未能贡献一份力量。可是,他却从未遗弃自己的人民,他感到自己在本质上仍是一位犹太人,而且也不希望改变这一本质。"

他的父亲从小被教育成正统的犹太教徒。但随着年岁的增长,他渐渐离弃一切宗教规例,只把普珥日和逾越节当一般家庭节日庆祝。弗洛伊德在1930年回忆他的父亲"允许我在完全忽视所有跟犹太教有关的事物情况下长大"。虽然努力想要同化,但是雅各・弗洛伊德从来不以犹太血统为耻,也从来不否认它,他持续在家里用希伯来文诵读《圣经》,弗洛伊德相信他的教导和他所说的神圣语言,"不比德国人差,甚至要更好"。因此,雅各・弗洛伊德营造了一种氛围,使年幼的弗洛伊德学到了一种对"圣经历史"持续不懈的着迷,即对《旧约圣经》的着迷。熟读《旧约圣经》,这让弗洛伊德从小就生活在《旧约圣经》语言所构造的环境中。在弗洛伊德35岁生日的时候,父亲将自己的《圣经》送给"亲爱的儿子",上面还有希伯来文的题词:"上帝的圣灵在你7岁时感动你去开始学习。"弗洛伊德认为自己对人的兴趣来源于阅读《圣经》,他说:"我很久以后才认识到,我对圣经故事的全神贯注的阅读(几乎从我一学会阅读技巧开始),对我的兴趣定向产生了持久的影响。"

令弗洛伊德记忆犹新的一件事是,在他 10 岁或 12 岁的时候,父亲开始带他一起散步,告诉他所认识的世界。有一天,为了要证明奥地利的犹太人生活是如何彻底改善了,雅各·弗洛伊德告诉儿子这个故事:"年轻时,有一个礼拜六,我在你出生的城市街上散步,我打扮得很光鲜,还戴了一顶新皮帽,然后来了一个基督徒,一拳就把我的帽子打落到垃圾堆上,对我叫嚣:'犹太人,滚出人行道!'"于是弗洛伊德颇感兴趣地问父亲:"接下来你怎么办?"这个泰然自若的父亲回答:"我就走过去捡起我的帽子。"这一事件导致弗洛伊德认同了战功彪炳、勇猛无敌的犹太人——汉尼拔。他在《日常生活的精神病理学》以及《梦的解析》中都将对汉尼拔的认同与他的父亲联系起来,一般认为这是因为弗洛伊德对父亲面对反犹太者时的回应有所不满而产生的。

19 世纪 60 年代初期,弗洛伊德一家落脚维也纳的里奥波史达特区的那年,支持传统权威的一系列政府措施反而不经意地带给这个国家更多的自由。但所有的改革都止步于 1873 年 5 月 9 日股市崩盘的"黑色星期五",使得许多成就蒙上了阴影。此时的奥地利人愤怒地展现出毫不节制的反犹太情绪。反犹太的说辞从大众的煽动言论和家庭偏见转变成学生间每日的取笑话题。弗洛伊德在他中学生涯的高年级岁月起,也开始认识到"身为外来种族后裔的后果",当"学校内反犹太的骚动提醒我要选定一个立场的时候",他发现自己更认同年少时心目中的英雄——犹太裔的汉尼拔。因而,犹太的身份对弗洛伊德成长的影响是巨大的。有研究者认为,弗洛伊德所创立的精神分析理论也受到了犹太身份带给他的影响。他既有对反闪族主义的愤怒,也有因犹太身份对精神分析带来负面影响的担心。他的信徒中,多数是犹太人,当荣格——这位瑞士人出现在精神分析领域时,他对荣格非常重视。弗洛伊德不希望他的理论被人误解为只是局限在犹太人之间的理论。虽然,犹太人的身份给弗洛伊德的生活带来了某些困境,但弗洛伊德对犹太民族始终是充满深情的,他有生之年最后一部重要著作《摩西与一神教》便是他对犹太民族历史和命运关心、理解和回应的佐证。

(二)大学时代——宗教观的形成(1873—1881)

1873 年,弗洛伊德以优异的成绩进入维也纳医学院学习,并接受了非常专业、系统的医学训练。但初入大学的生活,并没有给他带来快乐。弗洛伊德在其《自传》中提及,进入大学后,他体验到一些明显的失望。"首先,我发现别人指望我该自认为低人一等,是个外人,因为我是犹太人。我绝对不承认我是劣等人,我一直搞不懂为什么我一定要为我的血统,或者如人们那时开始说的'种族',而感到耻辱。"[①]有研究者认为弗洛伊德世俗主义的宗教观始于其大学时代。[②] 一方面,当时的科学理性主义与自然主义达到了顶峰,弗洛伊德正是接受了当时所流行的科学主义的训练。另一方面,因犹太身份受到不平等对待,所以宗教的议题一直存留在他的内心。

作为 18 世纪启蒙运动中理性主义思想的追随者,弗洛伊德遇到了对他产生影响最大的哲学家——路德维希·费尔巴哈。他在 1875 年写给希尔伯斯坦的信中说,"在所有哲学家中,我最

---

① 弗洛伊德.自传(1925)[M]//车文博.弗洛伊德文集(第 12 卷).北京:九州出版社,2014:175.

② Frie, Roger (2012), "Psychoanalysis, Religion, Philosophy and the Possibility for Dialogue: Freud, Binswanger and Pfister," *International Forum of Psychoanalysis*, 21 (2), 107.

崇拜与欣赏这个人”。弗洛伊德认为费尔巴哈是他用来揭露神学，以及所有太过世俗的人类经验根源的思想工具，神学应该要变成人类学。[1] 然而费尔巴哈并不是无神论者，他是积极地想要从神学家那里把宗教的本质救回来，而不是直接摧毁它，不过他的说法以及采取的方式，往往会教导出无神论者。弗洛伊德曾用投射机制来解释宗教现象正是受费尔巴哈的影响。费尔巴哈最有名的一本书，是谈论宗教的作品——《基督教的本质》，基本上是“对幻象的拆解”，对抗着所谓“绝对有害的”幻象。他认为：人对上帝的意识就是人对自己的意识，人对上帝的认识就是人对自己的认识；上帝的本质就是人的本质，神学就是人本学；宗教是人类的精神之梦，是人的本质的异化。而弗洛伊德一直自认为是寻找真相的人，把自己视为幻象终结者。利科认为，弗洛伊德的无神论受到费尔巴哈、尼采、马克思等哲学家对宗教的批评的影响，这些哲学家将宗教看作一种文化现象。[2]

让弗洛伊德的宗教观产生过动摇的哲学家是弗朗茨·布伦塔诺(Franz Brentano)[3]，他是一位可以激发学生思考的老师，同时相信上帝并崇敬达尔文。弗洛伊德听过他的公开演讲和讨论课，并且还曾单独访问过他。但最终弗洛伊德挣扎着度过布伦塔诺对他的说服，回到自己不信神的立场并维持这个状态。即使如此，布伦塔诺已经对弗洛伊德的思想产生了刺激与复杂的影响，他的心理

---

① 盖伊.弗洛伊德传[M].龚卓军，高志仁，梁永安，译.北京：商务印书馆，2015：28、29.

② Ricoeur ,Paul, translated by Denis Savag (1970), *Freud and Philosophy: An Essay on Interpretation*, New Haven and London: Yale University Press, 230.

③ 弗朗茨·布伦塔诺(1838—1917)，德国哲学家、心理学家，意动心理学派的创始人。布伦塔诺的意动心理学关注精神活动、意识与其对象的关系以及存在的时间性。因此在心理学的研究对象上，布伦塔诺认为心理学的任务为：心理元素的分析，以及确定由心理元素构成心理复合体的原理与规律。心理现象或意识的本质是意向性的，一切意识都是关于对象的意识。心理学不是研究感觉、判断、情感等心理的内容，而是要研究感觉、判断、情感等心理的活动即意动。

学论著也在弗洛伊德心中占有一定的地位。1879—1880年间，弗洛伊德被迫服了一年兵役，其间翻译了密尔合集里的四篇文章，这份工作也是因布伦塔诺向密尔的德文编译者推荐了弗洛伊德。大学前几年的生活，弗洛伊德并没有专注于医学学习，他的兴趣在于人文学科，他阅读了相当多的哲学书籍，也热衷参与哲学课程的学习，直到他开始认识到："对科学的广泛涉猎是徒劳无功的，每个人只能学到他所能学的东西。"最后，他在厄恩斯特·布吕克（Ernst Bruck）的生理研究室里，找到了归宿和充分的满足，开始了神经医学的学习和训练。[①] 直至1881年春天，用了8年时间，拿到了他姗姗来迟的医学博士学位。

（三）亲密关系——精神分析的奠基与发展期（1881—1905）

1881年毕业后，弗洛伊德继续留在布吕克实验室从事神经生理学的研究。第二年，他遇到了未婚妻玛尔塔·贝内斯，并很快订婚了。弗洛伊德考虑到将来的家庭生活需要经济支持，选择开私人诊所作为职业。因而，1882—1885年，他在维也纳总医院任职，为开设私人诊所获取更多的临床经验。其间，他获得去法国沙伯特里耶医院学习的机会，在那里观摩了沙可用催眠疗法治疗歇斯底里病人的场景。催眠也是弗洛伊德开业初期使用的重要的个人技能，可以说是精神分析疗法的基础。弗洛伊德于1886年9月13日举行家族式婚礼，但在奥地利的法令下，需要补办一次宗教仪式，在仪式上复诵一段希伯来誓词，其婚姻才得以有效。他的太太玛尔塔出生在一个严格规范的犹太家庭里，而弗洛伊德在当时自认为是无神论者，他总是劝说她放弃自身的信仰。但他们并没有因此发生很大的冲突。婚后他们陆续生育了6个孩子，小女儿

---

① 弗洛伊德.自传（1925）[M]//车文博.弗洛伊德文集（第12卷）.北京：九州出版社，2014：176.

安娜(Anna Freud)[1]继承了他的衣钵。

婚后至1900年期间,柏林的耳鼻喉科医生弗里斯是弗洛伊德的密友,以及后来的敌人。弗里斯是公认的精神分析的“助产士”。在与弗里斯的通信中,弗洛伊德对他的称呼从“最尊敬的朋友和同事”到“我最亲爱的朋友”“我挚爱的朋友”,直至1900年,两人在因斯布鲁克附近的奥森湖发生严重口角,各自攻击了对方的敏感的观点。在1901年夏天,弗洛伊德写信给弗里斯,表达他对弗里斯的谢意,但是直言他们两人在私人情谊与学术交流上的关系都已经结束了。弗里斯曾经在精神分析史前史中扮演极为重要的角色,但是当精神分析的历史在1900年开展之后,他的参与可以从此忽略了。

在弗洛伊德的亲密关系中,除了早期对他的学术生涯有非常大贡献的父亲般的老师布罗伊尔、年纪相仿的密友弗里斯外,不得不提的是与他类似父子关系的荣格。弗洛伊德曾对荣格说:“如果我是摩西,你就是约书亚。”1907年3月,荣格造访弗洛伊德在上坡路19号的家,这之前两人已通信一年多了。据荣格回忆,这次的造访他们谈了13个小时,几乎没有停止。两人的友谊很快变成了金石之盟。然而两人的关系一直由于理论的分歧而存在冲突,荣格并不认同弗洛伊德的性欲理论,在对宗教的态度上也截然相反。

1910年1月2日,弗洛伊德给荣格的信里提及,他正推测人类对宗教的需要,是来自婴儿期的无助感。弗洛伊德一直鼓励荣格

① 安娜·弗洛伊德(1895—1982),奥地利维也纳人,儿童精神分析学家,较早应用游戏疗法改进儿童期和青春期的心理治疗技术。1922年参加维也纳精神分析学会,并取得正式会员资格;1923年开始做精神分析的临床实践;1928年发表《儿童分析技术导论》,第一次系统地阐述了她的儿童心理学研究成果,开创了儿童精神分析的治疗法。其进一步继承和发展了西格蒙德·弗洛伊德后期的自我心理学思想,系统总结和扩展了弗洛伊德对自我防御机制的研究对自我心理学的建立所做的重要贡献。著有《自我与防御机制》《儿童的心理分析治疗》《儿童期的常态和病态》等书。

运用精神分析的理论在宗教领域里进行探索。弗洛伊德在《图腾与禁忌》一书的完成过程中,知道荣格对其中的史前史感兴趣,因此,探询荣格的建议。荣格对这封“非常友善的信件”,却表现出防御式的回应,“如果你也涉及宗教心理学的领域,对我来说会很压抑,而若论及竞争,你会是个危险的竞争对手”。弗洛伊德曾批评荣格被神秘现象所欺骗,把宗教感当作心理健康当中一个必然的因素。对弗洛伊德来说,宗教是人类心理需求投射到文化上的一种现象,同时是幼童时期的无助感延续到成人之后的结果,应该加以分析,而不是赞扬。而荣格曾经在美国宣告:“精神分析不是一种科学而是宗教。”最终,由于学术观点、学术态度的差异,在1914年荣格辞去国际精神分析协会(IPA)主席一职后,两人的关系终于宣告结束。

对于弗洛伊德而言,重要的不仅是荣格来自著名的精神病医院,认同精神分析理论,更是荣格的非犹太人身份。他希望精神分析不会沦为反犹太的牺牲品。在任命荣格为国际精神分析协会第一任主席后,弗洛伊德回应他早期追随者的不满:“你们大多数是犹太人,因此你们也无法胜任在新的阶段里去结交盟友的工作。犹太人应该要安于为他人做奠基的工作,我应该为这个学科找到和普通科学世界接轨的联结点。我为此准备了多年,也厌倦于被不断的攻击,我们都深陷在困惑之中。”终究,荣格令弗洛伊德失望了。

弗洛伊德克服长久以来内心对罗马神经官能症式的向往,在弟弟亚历山大的陪同下拜访了罗马。弗洛伊德对此的解释是,这可连接到孩童起就对闪族英雄汉尼拔的热情。这是一种想要反抗或者打败反犹太势力的热情。征服罗马,是争取到犹太人最不能原谅的敌人所觊觎的宝座——罗马正是这个位置的总部。此时,弗洛伊德把自己认同为汉尼拔那样的历史人物,暂未谈到摩西。

这一时期，弗洛伊德称为“孤军作战时期”。其间，弗洛伊德出版了精神分析奠基作《癔症研究》(1895)、《梦的解析》(1899)、《日常生活的精神病理学》(1901)、《性学三论》(1905)等精神分析的重要文献，但并没有宗教相关的内容。弗洛伊德的理论在当时并未激起学术界的热情讨论，相反，可以说是平淡中还存在些许反感。不过，依然有少许人开始关注弗洛伊德，1902 年成立的星期三心理学社，由最初的 5 人(弗洛伊德、史德克、阿德勒、卡哈内、莱特勒)，慢慢地增加到 17 人。他们回忆这段历史时，不止一人使用宗教词语来形容学社气氛。例如，葛拉夫回忆说：“我们的聚会以仪式般的程序进行，首先是由一个成员宣读论文，接着，黑咖啡和糕饼就会上桌，然后是香烟和雪茄。讨论会在一小时的闲谈后开始，每次为会议做结语的，总是弗洛伊德本人。房间里弥漫着一种新宗教成立的气氛，弗洛伊德是这个宗教的先知，他宣示的教诲，让当时流行的心理学探究方法显得肤浅。”至今，仍然有学者认为精神分析学派在形式上与宗教的某些方面类似。

在这段时期，弗洛伊德专心于病人的治疗，精神分析理论大厦的构建，无暇顾及其他的专业，即使是他年轻时颇感兴趣的人文学科。

(四) 精神分析的应用——深究期(1905—1915)

1905—1915 年间，弗洛伊德除忙于临床工作、撰写案例分析报告、编辑杂务和应付精神分析圈的纷争外，还出版了论文学、法律、艺术、伦理学、语言学、民间故事、童话、考古学等方面的文章，宗教更是他关注的重点。1913 年，总结过精神分析已经做过的超出诊察室之外的工作后，他为精神分析接下来应进一步去征服的领域，勾勒了一个雄心勃勃的蓝图。他说，精神分析是有能力对宗教与道德的起源问题，以及对法律与哲学的领域发言的。

在此期间与宗教相关的研究成果有他尝试发表的《强迫行为与宗教活动》以及影响较大的《图腾与禁忌》。《强迫行为与宗教活动》可以看作弗洛伊德初次正式涉足宗教话题。他运用对应和类比的方式，试着把宗教和官能症放在同一尺度下来看待。他发现"典礼"和"仪式"对患强迫性神经症的人来说尤为重要，同时，这两者也是每个宗教信仰中的基本元素。他强调，宗教和强迫性神经症这两者，都涉及冲动的克制，两者都有防御和自我保护的作用。因此，他得出结论，神经官能症是个人的宗教，而一般宗教是普遍性的强迫性神经官能症。① 这篇文章并没有引起太多的重视。

1912 年，弗洛伊德的追随者兰克创立了《潜意象》(*Imago*)，这是一本致力于把精神分析应用于文化科学领域的期刊。在这本期刊上，弗洛伊德先后发表了《米开朗琪罗的摩西》《论格拉迪娃》《图腾与禁忌》。其中，最让他费心和煎熬的是《图腾与禁忌》的写作，不如他所预期的那般顺利。1911 年 2 月开始构想，到 1913 年 5 月才完成，且由四篇文章组成。在《图腾与禁忌》一书完成后，他对自己的结论产生了不确定感，但在收到来自弗伦奇、琼斯以及亚伯拉罕的赞美后重拾信心。但在 1921 年回顾此书时，弗洛伊德曾谨慎地表达，他不过是提出了一个假设，其目的就像很多史前学家所提出的假设那样，尝试为漆黑的太古时代投入一丝亮光。弗洛伊德曾告诉荣格，《图腾与禁忌》乃是一个综合：它把人类学、民族志、生物学、宗教史和精神分析的猜测编织在一起。在《图腾与禁忌》一书中，弗洛伊德所使用的贯穿始终的精神分析理论是俄狄浦

---

① Sigmund, Freud (2001), "Obsessive Action and Religious Practices," *The Standard Edition of the Complete Psychological Works of Sigmund Freud*, *Volume Nine*, London: The Hogarth Press and the Institute of Psychoanalysis, 126 - 127.

斯情结。在这个情结里,宗教、道德、社会和艺术的开端汇聚在一起。弗洛伊德首次对外宣布"俄狄浦斯情结"是在一篇发表于1910年《论爱》的短文里,1911年便着手将此情结运用至在他年轻时代起就钟情的文化、宗教领域。至此,弗洛伊德在宗教领域的研究,脱离了精神分析所建立的根基——临床观察。在这些重要的思想方面,他的结论先于他的研究。同时,考虑到弗洛伊德所引用资料的局限性,以及他在此书中所展现的对人类史前社会的想象力,对此书的评论自然不会友好。第一个对英文版《图腾与禁忌》做出评论的是英国人类学家马雷特(R. Marett),他称《图腾与禁忌》是一个"名副其实的故事"。而弗洛伊德对此的反应,一如他的精神分析理论刚提出经受评论时一样,经历了短暂的怀疑后,一直是充满自信的。

(五)最后的岁月——修正期(1915—1939)

将弗洛伊德人生最后的二十几年岁月称为修正期,并不意味着他没有新的思想产出,仅指后期的思想并未超越之前所构建的庞大的精神分析的理论大厦,主要是对其理论架构的完善与细微的修补。如在《禁制、症状与焦虑》一书中的两个重要主题,修改了焦虑与防御机制的关系。弗洛伊德最终认为,压抑并未产生焦虑,反而是焦虑创造了压抑。但弗洛伊德自己从未明确指出,究竟修正了哪些前期理论。恰恰在他生命的最后时光,弗洛伊德将很多的心力贯注在人类文化、宗教领域。除了《图腾与禁忌》发表于1913年,其余与宗教研究相关的文章均发表于其生命的最后十几年中。如The "Uncanny"(1919),*Group Psychology and the Analysis of the Ego*(*1921*),*The Future of an Illusion*(*1927*),*Civilization and Its Discontents*(*1930*),A Religious Experience(1928[1927]),*Moses and Monotheism: Three Essays*(*1939*[*1934—1938*]),A Comment on Anti-semitism (1938)。因此本小节篇幅较长,将简要介绍弗洛伊德三篇重要的有关宗教的文章。

在这期间,弗洛伊德和其他许多人一样,经历了两次世界大战的翻天覆地般的破坏和损伤。在第一次世界大战期间,由于病人的减少,他得以有更多的时间重新审视自己的理论,并有时间作了一些面对大众的讲演。战争的侵扰,物资短缺,几乎很少有病人,因此他失去了临床观察的材料,著述并不多,且多为短小的篇幅。其间,战争的野蛮,以及不同阶层在战争初期表现出的对战争的狂热态度,使得他主要关注侵犯性的主题以及死亡驱力,并将死亡驱力与生本能并列。由于这是一对相互矛盾的概念,死亡驱力并未获得来自精神分析内部的认同。

让弗洛伊德感到慰藉的是,精神分析在一战后蓬勃发展。但无奈的是,或许由于公众媒体的散播误解,它们常常会把弗洛伊德描绘为一个滑稽甚至有威胁性的漫画角色。按照这个描绘,弗洛伊德是个肃穆、蓄胡的德国教授先生,带着滑稽浓重的中欧口音,整天把性挂在嘴边。直至今日,在很多人的心目中,弗洛伊德依然是这个形象。弗洛伊德的信徒瑞典医生皮耶(Poul Bjerre)在1925年指出,精神分析之所以会引起激动不安的情绪,是因为它俨然像"一种新的宗教而非新的探索领域,特别是在美国,精神分析的文献多得足以形成雪崩。'去精神分析一下吧'已经成为了时尚"。知名的美国心理学家麦克道尔(William McDougall)在一年后也指出:"除了弗洛伊德专业上的追随者以外,一大群的门外汉、教育工作者、艺术家和半吊子之徒也对弗洛伊德的思辨着迷,因此把它变成了一种广泛流行的时尚。也因此,弗洛伊德所使用的一些专门术语,在美国和英国变成了流行语。"[①]随着精神分析被越来越多

---

① 盖伊.弗洛伊德传[M].龚卓军,高志仁,梁永安,译.北京:商务印书馆,2015:502、503.

的国家和地区的人所接受，弗洛伊德也声名远扬。这给他生命的最后岁月带来了些许慰藉。虽然未能如愿获得诺贝尔奖，弗洛伊德在1930年被通知到法兰克福市领取他梦寐以求的歌德奖(Goethe Prize)。这份荣誉让他暂时从个人病痛以及国际形势恶化带给他的痛苦与焦灼中转移开来。

在生命的最后十年，弗洛伊德经历了一连串丧失亲友的残酷打击：他的女儿苏菲，曾孙海纳勒，95岁高龄的母亲，他的分析伙伴亚伯拉罕、费伦奇、兰克。而他自己则在1923年被诊断为口腔癌，先后进行了两次口腔癌变物切除手术，陆续接受了30次左右的小手术。

希特勒(Adolf Hitler)的上台，更给他的晚年生活增加了阴沉、悲观的氛围。1933年希特勒被任命为德国总理，奥地利总理陶尔斐斯(Engelbert Dollfuß)仿效希特勒的大部分做法，极端反犹太主义被确立为基本国策。包括艾廷岗、费尼切尔、弗罗姆和西梅尔等50多名精神分析师身处第一批离开德国的犹太人之列。弗洛伊德的书也在纳粹的焚书大会中被烧毁。令他没有想到的是，这只是恐怖气氛的开始。1938年3月，希特勒进入维也纳，恐怖统治随即开始，对犹太人的暴行发生在维也纳的各个角落。弗洛伊德起初极不情愿离开他所熟悉的上坡路19号的家，但形势的恶化超出他的想象，女儿安娜被捕，维也纳精神分析学会的资产、藏书和出版社的财产都被抢劫一空。最终，在波拿巴王妃和友人琼斯的帮助下，他和家人才得以离开维也纳，在同年6月6日抵达伦敦。或许这是他做梦也想不到的，自己会以流亡者的身份，在伦敦终其余生。

正是在这样的背景下，他完成了《一个幻觉的未来》(1927)、《文明及其缺憾》(1930)以及《摩西与一神教》(1939)三部作品。他曾告诉他的同行，他对待宗教的观点并不是传统宗教理论分析的一部分,这是他个人的态度。在他的心目中,他并不觉得无神论需要解释,但信仰宗教是需要理解和分析的。因此,直到晚年,他依然坚定地用他所构建的理论试图去分析宗教。

《一个幻觉的未来》像是《文明及其缺憾》的序曲,他首先将宗教置于文化的框架下来谈论,借由人类的无助感,将宗教需求连接儿童期的经验,由此宗教可以进入精神分析的分析框架之中。在这篇文章中,他提出了由于人因无助感产生需要被保护的愿望,人类发明了神。人类以自己形象造神的观念,并不是弗洛伊德的首创,但弗洛伊德将这个观念扩充为人类以自己父亲的形象来造神。由需要被保护到创造神,这些信念不是经验的沉淀物或思考的结果。相反,这些信念是幻觉,是对最古老、最强烈,以及最迫切的人类愿望的满足。这些宗教力量的秘密,其实正是这些愿望的力量。[①] 弗洛伊德一贯认为他的目标,以及精神分析的目标是破除幻象,接近真理。面对他所发现的宗教的幻象,他的冲动当然是去揭露它,并将自己的思考付诸文字。毋庸置疑,他的这篇文章,引来了很多对他的观点、对他本人以及对精神分析的攻击。有些评论,确实也是公道的。

弗洛伊德于 1929 年 7 月完成《文明及其缺憾》后,对自己的作品并不满意。在出版后,他对琼斯说,该书带有"一种业余的气息",所使用的是"淡薄的分析研究"。他无法想象,这本书却是他最有影响力的作品之一。传记作家彼得 · 盖伊认为这是弗洛伊德最冷峻的作品,从某个角度来说也是他最没有把握的一本。他以对信仰的沉思作为《文明及其缺憾》一书的序曲,似乎有意强调文化的精神分析是从宗教的精神分析承续而来。而这个出发点是法国小说家罗曼 · 罗兰向他建议的。他曾与罗曼 · 罗兰讨论过"大

① 弗洛伊德.一个幻觉的未来(1927)[M]//车文博.弗洛伊德文集(第 12 卷).北京:九州出版社,2014:33.

海般”的宗教情感。在弗洛伊德看来,这种情感可能源于一个人在婴儿阶段由于心理上无法脱离母亲所残留下来的自我感觉,这种宗教情感,他认为其实很值得怀疑。这部分内容在《一个幻觉的未来》一书中已有所交代。

弗洛伊德认为文明是对人的约束,是人类的生存得以延续的保障,同时也催生了人对文明的不满。这是无法解决的困境——人无法在文明之外生活,但他们在文明之中又没办法得到快乐。这也是弗洛伊德所说,快乐不在创世计划之中的意思。在享乐原则的支配下,我们寻求“许多娱乐消遣,借此减轻悲剧,追求满足感,借此消弭悲剧,同时更沉醉于物质之中,借此麻痹对悲剧的感觉”。宗教只是这些抚慰措施中的一种,比起其他方式并未更加有效,有时候反而更糟糕。充其量,人类只能在欲望与控制之间签订一份协议。在其晚年,弗洛伊德更多强调人的攻击倾向。弗洛伊德认为基督教的教义——爱你的邻人,一如爱你自己,和人的本性是相违背的。人类完全不是温柔、有爱、可爱的生物,他把匈奴人、蒙古兵的残暴、十字军战士的伪善,以及第一次世界大战的可怕都当作是证据。弗洛伊德更关切的是文化如何约束侵犯性,一个最值得注意的方法是:通过内化(internalization)[①],把攻击情绪转回心灵之中,回到它们起源之处。这是弗洛伊德所称的“文化超我”的基础。文化超我的观念,可以让我们举出倾向神经官能症性质的文化,并且同对待病人一样给予治疗的建议。但他同时谨慎地指出,个人和其文化之间的相似性可能很接近,但这也仅止于相似而已。

---

① 内化,广义定义为外部变成内部的过程,通常被认为是关于内在性的最普通的心理学术语。内化在精神分析理论和实践中的地位一直是争论的热点。汉斯·洛伊沃尔德的广义定义是目前较为普遍使用的,内化用来描述特定转换过程,通过这些过程个体精神器官和它所处环境间的关系以及相互作用转换成精神器官内的内部关系和相互作用。

《摩西与一神教》是弗洛伊德晚年最后一部作品，也是他在力排众议之后，非常执着地要完成的一部作品。全书在 1938 年付梓时，由三篇紧密相关的论文构成。他起初想要达成的目的是，探讨是什么创造了犹太人的特殊性格。若弗洛伊德在出版时能加入副标题——“一本历史小说”，也不至于引来众多的批评和非议。《摩西与一神教》前两部分的结论，虽然唐突，但也有其他学者有共同的见解。如“摩西是埃及人”这一见解，几十年来都有知名的学者主张。“摩西是被他带出埃及的以色列人民所杀死，而他所创立的宗教也在他死后被抛弃。”这一主张是弗洛伊德从学者恩斯特·塞林(Emst Sellin)那里借用而来。弗洛伊德虽然知道这个假设并没有足够的证据，但他仍然觉得这个假设是有高度说服力的。这样的提法，与他在《图腾与禁忌》假设的史前人类的一项罪行非常相似。弗洛伊德在研究摩西的路径上并不顺利，即使已经 78 岁高龄，弗洛伊德一直不放弃研究萦绕在心头的困扰，研究遇到的困难一度让他打算放弃对此书的出版。在 1938 年，逃亡到英国的两周后，弗洛伊德便开始了《摩西与一神教》第三部分的写作。但与此同时，他也收到了来自多方的对他写作《摩西与一神教》的阻拦。著名的犹太东方学者亚伯拉罕·亚胡达(Abraham Shalom Yahuda)、科学史家查尔斯·辛格勒(Charles Singler)都奉劝他放弃对此书的出版。然而，他最终还是决定发表他真实的想法。他回应说：“但我又要怎么办？我一辈子都在为我认定的科学真理而战，哪怕它们会让我的同胞不舒服和不高兴。我不能因为有人反对，就把它们封存起来。”弗洛伊德起初的写作目的是研究是什么塑造了犹太人的性格，但在此书的第三部分，他却把结论概括到一切宗教里去。这让《摩西与一神教》不仅引起犹太教徒的反感，连基督徒都认为这本书是不敢恭维的。《摩西与一神教》所表达的是摩西的死乃是史前时代创伤的一个新版本，是被压抑的意识的再现。基督教有关耶稣牺牲自己为人类赎罪的故事，一定是对另一宗罪行的掩饰。因此，那位救世主实际上乃是一件罪案的首谋，也就是推翻父亲统治的一群兄弟的领导者。此外，不管事实如何，基督教的圣餐礼都是古代图腾宴的翻版。因此，尽管犹太教和基督教有很多相似的地方，但两者对父亲的态度却是截然不同的：犹太教一直是父亲的宗教（a religion of the father），而基督教则变成了儿子的宗教（a religion of the son）。[①] 在弗洛伊德看来，他所用的是科学不带感情的分析；而在犹太教徒、基督徒看来，这是极端的诬蔑。可以想象，此书出版后，引起的反感超出他以前所有的作品。传记作家彼得·盖伊的评论显得较为中肯，他认为，弗洛伊德只是一个不愿受临床材料束缚的知性推理爱好者，乐于为他钟情的臆测敞开大门。在为了驱除头脑中偏执念头而进行研究写作时，他会说出很多有意思的话，也会说出很多站不住脚的话。不管是构思、写作还是出版《摩西与一神教》，都是他桀骜不驯脾气的产物。[②]

在完成《摩西与一神教》后，弗洛伊德的健康状况也每况愈下。1939 年 8 月 1 日，弗洛伊德正式终止了他的分析治疗工作。肿瘤使他疼痛难忍，但他仍然拒绝服用镇静药物。他最后一本阅读的书是巴尔扎克的《驴皮记》。9 月 21 日，他让舒尔遵守他们之前的约定，他说过，他来英国，是为了死于自由。弗洛伊德知道时间到了，所以就坐言起行。舒尔为弗洛伊德注射药品。9 月 22 日，弗洛伊德陷入昏迷，从此再也没有醒来，他死于 9 月 23 日，凌晨 3 点。弗洛伊德终于实现了他最终的愿望——按照自己的意愿离开这个世界。

---

① 弗洛伊德.摩西与一神教（1939）[M]//车文博. 弗洛伊德文集（第 11 卷）.北京：九州出版社，2014：287.

② 盖伊.弗洛伊德传[M]. 龚卓军，高志仁，梁永安，译.北京：商务印书馆，2015：715.

第二节　宗教研究的方法和路径

一、研究动机

本章的前一部分概述了弗洛伊德宗教观点受其所处时代的思想背景及个人经历的影响。而作为一位精神分析学派的奠基人，为何将研究领域扩展至看似并无交集的宗教学领域，一直是相关研究人员最先感兴趣的议题。在这一问题上，弗洛伊德本人及相关学者都给出了回答。

（一）弗洛伊德自述的研究动机——寻求真相

弗洛伊德在其篇幅不长的《自传》以及《自传补记》中多次提及自己在宗教学领域的研究。他对自己为何会对宗教、文化等议题感兴趣，最简单明了的回答是："确切地说，我是被一种好奇心所驱使，而这种好奇心更多的是对于人类的关心，而不是对于其他自然事物的关心。"[①]弗洛伊德在《自传》中也提到了为何在精神分析理论日趋完善之时才涉足宗教研究——他在后半生中所获得的一些兴趣已经减弱，而那些较早的和最初的兴趣却再一次变得重要起来，并对此做了详细的解释。他说，在自然科学的医学和心理治疗上绕了大半生之后，他的兴趣又重新回到很早以前使他流连忘返的那些文化问题之上。1912 年，就在精神分析工作达到顶峰时，弗洛伊德已经试图在《图腾与禁忌》中用精神分析的最新发现

① 弗洛伊德.自传(1925)[M]//车文博.弗洛伊德文集(第 12 卷).北京：九州出版社，2014：174.

成果去调查宗教和道德的起源。接着,在后来的《一个幻觉的未来》和《文明及其缺憾》中,他又把这一工作推进了一个阶段,从而更加清楚地看到:那些人类历史事件——那些在人类本能、文化发展和原始经验的积淀(其中最突出的例子是宗教)之间的相互作用,只不过是精神分析在个体身上所研究的自我、本我和超我之间的动力冲突的反映,是这一非常相同的过程在一个更加广阔的舞台上的再现。弗洛伊德在《一个幻觉的未来》中,对宗教表明了一种基本上的否定评价。后来,他找到了一个公式,这个公式可以对宗教做出更加公正的评估。尽管可以假定,宗教的力量在于它所包含的真理,然而他要表明,这一真理并非实质性的,而是一种历史的真理。

如弗洛伊德所述,他转向宗教研究的原因主要是由于对人的兴趣。我们也看到,弗洛伊德进行这方面的论文写作也受同时代学者的影响。弗洛伊德本人陈述其转向宗教研究受到冯特和荣格的研究的影响。他在《图腾与禁忌》的序言中写道:这几篇论文是我在将精神分析学的观点和研究成果应用于社会心理学中某些悬而未决的问题方面所做的初步尝试。因此,它们与冯特所做的广泛详尽的研究,在方法论上形成对照。因为,在这些研究中,所有的假设和非分析的心理学研究方法,都是围绕上述相同的目的而展开的。另外,它们还可以与精神分析苏黎世学派的一些研究文献形成对照。这一学派致力于运用社会心理学来解决个体心理学的问题。应该承认,正是依据这两种来源,我获得了撰写这些论文的最初动力。除了弗洛伊德所说,他的研究主要来源于自身对人的兴趣之外,还有期望精神分析的应用范围更加广泛的愿望。

虽然他对犹太教、基督教的研究并不多,但对自身在宗教心理学方面的贡献评价颇高。他在《自传》中写道:首先我确定了强迫性行为和宗教活动或礼仪之间的显著相似性(1907)。由于迄今不理解其间较深的联系,我把强迫性神经症描述为一种歪曲的个人宗教,把宗教描述为一种普遍的强迫性神经症。1912 年,荣格强有力地指出了神经症患者与原始人类的那些心理产物之间所具有的意义深远的相似性,这样便导致我把注意力转向了这个主题。我就此写了四篇文章,后来都收进一本书名为《图腾与禁忌》的集子里。通常,研究者对于弗洛伊德将宗教描述为一种普遍的强迫性神经症看作是对宗教极大的贬低与不敬,但熟悉精神分析理论的研究者,都能明白神经症在精神分析理论中的重要位置。在弗洛伊德的评判标准中,神经症并不是少数的异常者,而是一种普遍的人格结构,在这个意义上,多数的个体都是神经症意义的人格结构。当弗洛伊德说宗教是人类集体的神经症时,并不是出于对宗教的贬低,也不是出于对人类的不敬,而仅仅是将精神分析理论作为一种评价尺度来研究宗教与人类心理之间的关系。

以上都是弗洛伊德在 1930 年之前所表述的话语,而在《摩西与一神教》的出版受到众多阻拦之后,他说:“因为我必须像一位先知那样站在我的人类同胞面前,在他们的责难面前鞠躬,只因为我不知道如何带给他们慰藉——这正是他们所要求的。最狂野的革命者对人类的热情,并不会少于最顺从的虔敬信仰者。”再次表明,虽然他的研究会使他的同胞感到受到责难和伤害,但这是源于他对自己民族的爱,而不是恨。他将自己定位为一位勇士,一位勇于探求真相的勇士。

(二)相关学者的判断——矛盾情感

弗洛姆作为文化精神分析的代表人物,他从积极正面的视角理解弗洛伊德的宗教观点。他认为弗洛伊德一直坚信的人类发展的目标是实现这些理想,即知识(理性、真理、道)、兄弟般的爱、减少痛苦、独立自主和责任感。这些理想构成了东西方文明建于其上的所有伟大宗教的伦理核心,也是佛陀、穆罕默德和耶稣的教导。在这些教导中各有不同的强调:佛陀强调减少痛苦,穆罕默德强调知识和正义,耶稣强调兄弟般的爱。这些宗教导师对于人类发展目标和人类应该遵循的道德规范所达到的程度的基本一致是引人注目的。[①] 弗洛姆认为弗洛伊德为宗教的伦理核心辩护,但却因为批评宗教一神论的超自然方面阻碍了这些伦理目标的充分实现。相对中立的研究者主要从弗洛伊德所处时代以及犹太人当时的生活处境出发,以及弗洛伊德的犹太身份来推论弗洛伊德研究宗教的兴趣以及对待宗教的负面态度。施耐德等人分析弗洛伊德对宗教的兴趣来自他所处的时代,弗洛伊德的生活和思想需要放在当时的维也纳,欧洲中部,文艺复兴的背景,以及新兴的犹太中产阶级的解放和城市化的背景下来理解。尽管弗洛伊德故意淡化他的犹太身份来避免反犹太的攻击,但他仍然是那个时代的犹太人的典型代表。[②] 里安从新精神分析理论视角出发,提出弗洛伊德由于早年生活中缺乏亲人充分的爱导致他持续终生的孤独感、无助感、无望感,唤起了他对宗教体验的嫉羡,因而对宗教持负面态度。[③]

阿诺德认为弗洛伊德具有攻击性的无神论思想是对他人信仰的对抗。[④] 戈尔德认为弗洛伊德作为受过科学训练的"不信神"的犹太人在进行宗教研究时的态度偏离了他通常的科学的立场。弗洛伊德有意或是无意的发展的精神分析理论是作为对当时反闪族

① 弗洛姆.精神分析与宗教[M].孙向晨,译.上海:上海人民出版,2006:18.

② Schneider, Stanley and Berke, Joseph H. (2010), "Freud's Meeting with Rabbi Alexandre Safran," *Psychoanalysis & History*, 12 (1), 16.

③ LaMothe, Ryan (2004), "Freud's Envy of Religious Experience," *International Journal for the Psychology of Religion*, 14 (3), 167.

④ Richards, Arnold (2009), "The Need not to Believe: Freud's Godlessness Reconsidered," *Psychoanalytic Review*, 96 (4), 563.

主义的对抗,并且是身为犹太人的一种防御表现。[①]

若对弗洛伊德的宗教研究进行“精神分析”式的分析,在弗洛伊德的意识层面,他对信仰的分析里所隐藏的,是希望能借由发现和散播宗教的真相,帮助人类脱离宗教的束缚。但从他的潜意识层面,则包含了对自己所处的民族和犹太身份的爱恨交织的矛盾情感。总体而言,在搁置他研究结论是否正确的前提下,他是出于对真相、对人类理性自由的追求而展开宗教研究的。

二、研究态度

弗洛伊德进行宗教研究的出发点是：如果宗教信仰是错误的,为什么有那么多的人如此虔诚地坚持这些信仰？如果宗教是不合理的,为什么人们又如此坚定地坚持这些信仰？弗洛伊德有着无休止的好奇心、远大的抱负以及相当广泛的阅读兴趣。他在精神分析理论基本定型之后,开始着手思考这些问题。

早在 1901 年出版的《日常生活精神病理学》中,他便尝试从日常生活中的偶发行为去探索迷信心理的产生根源。当时他推测,迷信的人因为不知道他们偶然行为的动机,但是又要求能够认识到这个动机,这样就不得不在外界寻找其他替代根源。他相信“世界上迷信的大部分观点——经过漫长的演化,形成了现代的宗教——只不过是心理向外在世界的投射”[②]。1907 年,在《强迫行为和宗教活动》中,他将强迫性神经症的仪式性行为与宗教活动相类比,尝试性地得出“宗教是人类普遍的神经症”这一结论。至

---

① Fenchel, G. (2015), “Psychoanalysis as a Defense of Judaism,” *Psychoanalytic Psychology*, 37(1), 58.

② 弗洛伊德.日常生活的精神病理学(1904)[M]//车文博.弗洛伊德文集(第 2 卷).北京：九州出版社,2014：231.

此,弗洛伊德对自己的研究结果还是持相当谨慎的态度。但是在《图腾与禁忌》中,他进行了大胆的理论假设,试图回答宗教的起源问题,将"原始弑父"事件作为人类社会宗教和道德的源头,并提出俄狄浦斯情结是这一源头的心理原因。在《一个幻觉的未来》(1927)中,着重回答了人类为什么离不开宗教:因为宗教满足了人类的愿望——渴求安全与保护。《文明及其缺憾》(1930)将宗教视为一种文化因素来进一步回答"人类本能与文明"之间的对立问题。宗教、哲学、艺术、理想都是为了缓解人类与文明之间的紧张关系而产生的宝贵的心理财富,构成了人类文化的重要组成部分,其中宗教是人类用以追求幸福的一种貌似完美却有害的手段,并进一步强调如果人类不彻底抛弃宗教,文明将会面临更大的风险。弗洛伊德在其生前最后一部作品《摩西与一神教》中,自述试图回答"是什么创造了犹太人的性格",但整部作品由三篇主题看似分散的文章组成。从摩西是个埃及人,到再一次重提"原始弑父"事件中俄狄浦斯情结的核心作用,来解析一神教的形成过程。从弗洛伊德意识层面的语言与文字中,他试图展现的是一种彻底的无神论姿态。

弗洛伊德在个案研究中一直秉承的是理性的、科学的研究态度与方法。但在他的中晚期的宗教研究作品中,显现较多的是先入为主的观点、大胆的假设以及并不严谨的论证。从起初的试探性的、谨慎的观点表达到对俄狄浦斯情结在宗教中的作用的肯定的强调,弗洛伊德在宗教领域的研究也一步一步按他所感兴趣的方向推进。

三、研究方法

(一)个体发生论(ontogenic theory)与系统发生论(phylogenenic theory)

弗洛伊德所处的时代,正是宗教研究兴起的阶段,宗教的起源和发展是当时的研究热点。当时的研究者关注人类的神灵观念、灵魂观念是如何产生的,宗教的发展经历了什么样的阶段。达尔文的进化学说对宗教研究产生了较大的影响。

在19世纪末,学者们纷纷展开对原始社会宗教形态的研究。因为他们相信,原始社会宗教类似于人类早期的宗教形式,通过研究原始社会的宗教,就能够了解人类早期的生活和信仰状态。这些研究者将宗教的发展与个体的成长发育阶段相类比。于是,个人成长的早期,也被模拟为人类生活的童年阶段。弗洛伊德的探索,正是从后者切入的。这也是弗洛伊德宗教研究一直饱受批评的地方,他将社会的发展等同于个人的心理发展。当时德国的生物学主义哲学家恩斯特·海克尔(Ernst Haeckel)的著名格言:“个体发生重演了系统发育(个体的发展重现了种系的进化过程)。”海克尔认为个体是群体的镜子,而弗洛伊德则与其认为的恰恰相反。弗洛伊德更为清楚地认识到人类历史事件、人类天性的互动、文化发展和原始经验的积淀(其中最突出的例子是宗教)之间的相互作用,都只是自我、本我、超我之间动态冲突的反映。①

他对力比多(libid)的关注为他的社会理论带来未曾预期的收获。人类精神生活中刻板而又广泛的症状,驱动弗洛伊德从一个研究神经症的医生,转而关注宗教和文明的研究议题:文化对他来说,基本上是个人潜意识中动力冲突在历史舞台上的上演。正如弗洛伊德自己指出的,精神分析通过假定个人心理与社会心理之间有着相同的动力源泉,而让两者建立起密切的关联。由此,他可以从个体心理研究进入群体心理研究,这也是弗洛伊德用精神分析理论研究群体宗教心理的立足点。

① 弗洛伊德.自传补记[M]//车文博.弗洛伊德文集(第12卷).北京:九州出版社,2014:236.

（二）类比

类比法是对事物的诸种认识方法中的重要环节。人们在进行宗教研究，特别是在历史人类学和比较宗教学的研究中也广泛采用类比法。学者们从地域和时间上均相距较远的不同民族的宗教信仰中发现相似的现象，有助于人们更准确地掌握宗教发展的一般规律，确立不同类别的信仰与信仰赖以产生的具体历史条件之间的联系等。在弗洛伊德的宗教研究中，类比的研究方法与前述的个体发生论与系统发生论紧密联系。弗洛伊德在《强迫行为与宗教仪式》开篇便提出神经症患者的强迫行为与宗教信仰仪式的相似性，并说明他并不是第一个进行这样类比的人。在结尾很小心地得出，强迫性神经症是个人的神经症，而宗教是整个人类的强迫性神经症。这样的表述自然让读者将宗教与神经症联系起来，虽然他的本意并非如此。即使在文中，他也明确指出，神经症与宗教仪式的不同之处也很明显，其中一些甚至明显到对它们的比较简直是种亵渎：神经症性的仪式行为是有很大个体性及多样化的，而宗教仪式（如祈祷，朝向东方等）都是程序化的等。但由于他作为精神病学家，公开用"强迫性神经症"来表述宗教仪式，不由得让读者联想到他对宗教暗含的攻击性。

在《自传》一书中，弗洛伊德也使用了类比的方法。他曾自述："图腾崇拜的两个塔布—禁令（不杀图腾，不与本图腾氏族内的任何妇女性交）和俄狄浦斯情结的两个要素（弑父、娶母）之间存在明显的一致性。因此，我很想把图腾动物等同于父亲；事实上，原始人自己显然正是这样做的：尊图腾动物为氏族祖先。接着，来自精神分析学的两个事实对我有所帮助：一个事实是弗伦茨有幸对一个儿童的观察（1913），这使我有权谈论'幼儿的图腾崇拜的再现'；第二个事实是对儿童早期动物恐惧的分析，这种分析常常表明，所恐惧的动物常常是父亲的替代者，起源于俄狄浦斯情结的那种对父亲的恐惧被转换到了这个替代者身上。这一切足以使我认识到，‘弑父’是图腾崇拜的核心和宗教形成的出发点。”①我们看到，尽管类比方法有其自身的作用，具有直观性和表面的可信性，但由类比获得的知识，并不能成为可靠的真理性知识。因此，由类比方法所得出的结论，本身也是需要进一步解释其结论的限制性的。

在弗洛伊德看来，心理防御机制的主要功能在于缓解一个人的需要在他内心所形成的紧张。个体想要缓解这种紧张，部分办法是从外在世界获取对需要的满足，部分办法是找出某种方式去处理掉那些未获满足的冲动。因此，弗洛伊德认为对艺术、文学、宗教所做的精神分析探究，应该就像对待神经官能症所做的精神分析探究那样，致力找出那些隐藏着的已获实现或未获实现的欲望。正是基于这一简单的原则，弗洛伊德开始漫游于一个涵盖范围非常大的文化领域。但在进行这些探索时，他始终都把焦点摆在精神分析上面。他在乎的并不是他能从艺术史、语言学、宗教学之类的学科学到什么，而是这些领域可以从他那里学到什么，他是以征服者而不是乞恩者的姿态进入这些异域的。

四、研究工具

弗洛伊德的宗教观受到当时科学、哲学、宗教学研究成果的影响。他也借鉴了人类学的研究成果，以及运用了拉马克的获得性遗传理论，②但他主要的研究工具仍然是他所创立的精神分析理

---

① 弗洛伊德.自传(1925)[M]//车文博.弗洛伊德文集(第12卷).北京：九州出版社，2014：229.

② 获得性遗传是“后天获得性状遗传”的简称，由法国进化论者拉马克(C. Lamark)于19世纪提出，指生物在个体生活过程中，受外界环境条件的影响，产生带有适应意义和一定方向的性状变化，并能够遗传给后代的现象。它强调外界环境条件是生物发生变异的主要原因，并对生物进化有巨大推动作用。

论。若不进入他所创立的理论，便无法深入、准确地理解其宗教观。因此，非常有必要在此对精神分析理论做一个概貌性的介绍。精神分析理论本身是一个开放的、发展性的理论。1939 年后，精神分析理论与技术获得了蓬勃的发展。原来只有一种传统，而今是多样的学派、技术术语和临床实践形式。但在弗洛伊德的有生之年，精神分析主要是他个人的伟大创举，他在进行宗教研究时，主要是基于自己所创立的理论。本章由于篇幅所限，以下主要对弗洛伊德的精神分析理论（也称古典精神分析理论）的基本框架进行简要的概述。

（一）从大脑到心灵——地形模型（topographical model）

潜意识在地形模型中提出，是精神分析的核心与支柱。这一模型是从弗洛伊德一系列的临床观察中发现的。弗洛伊德最初是神经生理学研究者，当他从研究转向临床实践后，他所治疗的病人是当时认为属于神经问题的病人。一次在巴黎的短暂停留，弗洛伊德目睹了著名神经学家沙可和希伯莱特 · 伯恩海姆（Hippolyte Bernheim）令人印象深刻的演示，让他所关注的内容发生了从大脑到心灵的决定性转变。紧接着，他与约瑟夫 · 布洛伊尔（Josef Breuer）合作治疗了被称为精神分析的著名病人“安娜 · 欧”，并于 1895 年出版了《癔症研究》。在弗洛伊德以前，癔症病人——具有生理障碍但未见实际生理受损的病人——被看成是诈病、道德可疑的骗子，或是神经系统总体削弱而产生功能上随机、无意义的紊乱的人。弗洛伊德认为问题的根源在于观念，而不是神经。在《癔症研究》中，弗洛伊德提出一种具体的假设：致病的回忆和情感之所以被解离，不是因为早先改变的意识状态，而是这些回忆和情感的实际内容令人困扰、无法接受，并与这个人的其他想法和情感相冲突。它们并非仅是偶然地被以不同方式记录，落入病人心灵的另一个不同部分——它们与意识的其余内容不相容，因此被主动地排除在意识觉察之外。[①] 这部分内容便构成了潜意识。

弗洛伊德在1915年撰写的《潜意识》一文中，详细论述了心理地形说。他把人的心理划分为三个不同的“区域”或“系统”——上层为意识（conscious），中层为前意识（preconscious），深层为潜意识（unconscious）。潜意识处于心理结构的最底层，由各种原始的本能与欲望组成，是生物性本能能量的仓库，是人类一切活动的动力源泉。这些原始的本能有很强的冲动性，它们时刻在寻找时机、积累能量并冲入意识中，以获得满足。但这些本能及冲动与道德、法律、风俗、习俗等格格不入，而被前意识所施加的稽查作用把它们再压抑回潜意识中去。因此，潜意识并不是没有意识，而是被排除在意识之外的内容，即主体意识不到的内容，也可看作不愿意识到的内容，在人的心理结构中占比较大。前意识由能够变成意识内容的可接受的想法和情感构成。意识由任何时间处于意识觉察中的想法和情感构成。意识是心理结构的外表，它直接与外部世界接触，在人的心理结构中其实占比很小。

（二）从地形说到结构模型——人格组成（personality structure）

临床经验的增加和概念的复杂化，使得地形模型（关于潜意识及其不可触及的、压抑的愿望、冲突和记忆与更可接受的意识和前意识之间的冲突）作为冲突的地图已经不够充分。20世纪20年代初，弗洛伊德认为潜意识的愿望和冲动是与阻抗相冲突，而非与意识和前意识相冲突，而阻抗实际上也并不是意识的或者被意识

① 米切尔，布莱克. 弗洛伊德及其后继者［M］. 陈祉妍，黄峥，沈东郁，译.北京：商务印书馆，2007：18、19.

所了解的。不仅冲动和愿望是潜意识的，而且阻抗似乎也是潜意识的。当弗洛伊德开始认为心灵中的基本冲突交锋不是在意识与潜意识之间，而是在潜意识内部，这时就需要一个新的模型——结构模型，来描述心灵的主要构成。

结构模型认为自身的所有主要成分都在潜意识中，而重大的界限存在于自我（ego）、本我（id）和超我（superego）之间。本我是人格结构中最原始、隐私的部分，它处于潜意识的深层，由先天本能、基本欲望组成，包含着原始、无结构、冲动的能量，遵循着快乐原则（pleasure principle），满足本能的需要。自我代表人格结构的现实部分，位于以生理需要为基础的原始本能与外部世界之间，是两者内化了的心理代表。自我的主要任务是使本能的冲动获得最大限度的满足，同时又与外部世界和超我维持和谐的关系。为了完成这一任务，自我是按照现实原则（reality principle）来操作的。超我是从自我中分化、发展出来的，是人格结构中的上层部分，对本我的冲动具有约束作用，是专管道德的部门，超我的约束，可使人的行为符合社会道德规范，是个人道德的核心。超我是一切道德限制的代表，是代表社会和文化规范的部分。超我遵循至善原则（prefection principle），其主要目的是控制和引导本能的冲动，说服自我以道德目的替代现实目的并力求完美，使人变成一个遵纪守法的社会成员。

（三）从本能驱力到幼儿性欲——性心理发展（psychosexual stage theory of development）

弗洛伊德在早期的临床经验中发现，所有神经症的根源是在儿童的经验中过早地引入了性，这让他提出了颇具争议的幼儿诱惑（infantile seduction）理论。但随后的临床实践发现，这些更多是愿望和渴求的记忆被错当成了关于事件的记忆。随后，弗洛伊德推翻了幼儿诱惑理论，这导致了幼儿性欲理论的出现。因弗洛伊德认为，他在病人的神经症症状下所揭示出来的冲动、幻想和冲突不是源自外部的污染，而是来自儿童心灵本身。弗洛伊德的临床发现使他重新思考性欲的性质以及性欲在整个心灵中的角色。接下来几年，弗洛伊德建立的性欲理论又称性心理发展阶段论(psychosexual stage theory of development)，基础是本能驱力(Trieb)[①]观点，这成为弗洛伊德后来所有理论建构的重要基石。其中包括了颇具争议的俄狄浦斯情结。弗洛伊德所提的心理性欲含义极为广泛，除生殖活动的性本能外，凡能产生快感的都直接或间接地与性有关，故其理论也被称为泛性论。

与本能驱力密切相关的概念是力比多(libido)。力比多是依附于本能驱力的能量。在人出生前就已存在，出生后开始发展。力比多的发展过程，是指力比多贯注于人体有关部位的变化和发展的过程。在性心理发展的每一阶段都有一个相应的身体部位或区域，成为力比多兴奋与贯注的中心，其紧张可以靠一定的操作活动(如吸吮、抚摸)而得以解除，这样的部位或区域被称为性感区(erogenous zone)。力比多发展的整个过程，即自出生到青春期，可以分为五个阶段：口腔期、肛门期、性器期、潜伏期与生殖期。口腔期(oral stage)约为从出生到 1.5 岁，是个体性心理发展的原始阶段，其力比多能量集中在口部：靠吸吮、咀嚼、吞咽、咬等口腔活动，获得快感与满足。肛门期(anal stage)约为 1.5—3 岁，在这一阶段，幼儿因对粪便排泄时解除内急压力所得到的快感经验，从而对肛门的活动特别感兴趣，并因此获得满足。性器期(phallic

---

① 本能，德文为 tried，与英文 instinct 相近，是人的生命和生活中的基本要求、原始冲动和内驱力。弗洛伊德将本能分为两种：一是生的本能，包括自我本能和性本能，它表现为生存、发展和爱欲的一种本能力量，代表着人类潜伏在生命自身中的一种进取性、建设性和创造性的活力。二是死的本能，表现为生命发展的另一种对立力量，它代表着人类潜伏在生命中的一种破坏性、攻击性、自毁性的驱力。

stage)约为3—5岁,此时,儿童认识到两性之间在解剖学上的差异和自己的性别,力比多集中投放在生殖器部分。幼儿最初的力比多投注客体是自己身体的某一部位,逐渐将力比多的兴奋向别人身上转移。此时,由于母亲为幼儿提供了生理上的需要和满足,因而成为儿童的最初的力比多投注客体。在此基础上,男孩想独占母亲的爱,对父亲产生敌意,即俄狄浦斯情结。男孩的俄狄浦斯情结是通过阉割焦虑的威胁而解决的。弗洛伊德在解释女孩的俄狄浦斯情结的解决和超我的建立时遇到了很大困难,因为对女孩来说,阉割的威胁理所当然地会比较小。本书将在第四章对俄狄浦斯情结进行较为详细的论述,在此不再展开。第四阶段为潜伏期(latency stage),约为6—12岁,这时期的性力受到了压抑。这是由于道德感、美感、羞耻心和害怕被别人厌恶等心理力量的发展,这些心理力量的发展与儿童时期的毫无掩饰的性欲冲动恰好相反。第五阶段为生殖器期(genital stage),从青春期到成年期,其特征是异性爱的倾向占优势。与之前的各阶段不同,之前的婴幼儿性欲只能引起紧张,在青春期及以后的成人生活中只起辅助作用。①

(四)梦与自由联想——精神分析技术

联想(association)是一种简单而普遍的心理现象,指观念与观念的联合或联结。自由联想(free association)属于一种不给予任何思路限制或指引的联想,是精神分析的一种治疗手段,帮助分析师了解病人的秘密、潜意识的愿望,与此同时防御仍然活跃并可触及。自由联想并不是个体有意识地去思索观念之间的相似性,而是关注于头脑中自发冒出的念头。分析师通过鼓励病人报告出所有一闪而过的想法,希望让病人绕过筛除冲突内容的正常选择过

① 沈德灿. 精神分析心理学[M]. 杭州: 浙江教育出版社, 2005: 104 - 106.

程。病人完全清醒,因此可以向他/她展示他/她意识之外的思想流包含的经过伪装的想法和感受,这些是他/她一直排除在意识之外的内容。

梦也可看作是一种自由联想。在弗洛伊德看来,梦是冲突的愿望经过伪装的满足,是进入潜意识的康庄大道。在睡眠状态下,与在催眠状态下类似,通常阻止被禁止的愿望进入意识的防御力量变弱了。如果这些愿望在梦中直接表达,睡眠就可能被打断。于是,在推动愿望进入意识和阻止愿望进入意识的两种力量之间就达成了妥协。愿望只能以伪装的形式在梦中出现。凝缩、置换、象征——这些都在梦的工作中使用,将不可接受的梦的隐含想法转变为尽管表面上没有意义、没有关联,但可以接受的意象,这些意象被编成一个故事,让做梦者更加失去线索。释梦技术也遵循了这种对梦的形成的理解。梦的表面内容的每个元素都被分离出来并进行联想。最终各种联想的线路结合成为关键的梦的隐含想法。释梦是逆转了梦的形成过程,从经过伪装的表面追溯到隐藏在其背后的秘密。

弗洛伊德一生勤于思考,并乐于将他的思考形成文字,著述颇丰。由于篇幅所限,在此,不能全面地展示其理论发展变化的全过程,只能简要地、挂一漏万地介绍精神分析的核心概念。在弗洛伊德有生之年,精神分析学派即发生了分裂。弗洛伊德的部分追随者,因各种原因纷纷离开弗洛伊德,创立了自己的理论。抛开个人的情感因素,这些追随者离开弗洛伊德,在学理上的因素多是因对弗洛伊德过分强调性欲理论以及俄狄浦斯情结的不满。例如,被弗洛伊德视为继承人的荣格,第一个离开弗洛伊德,并将自己的理论称为“分析心理学”以与弗洛伊德所提出的“精神分析”理论相区别;阿德勒为了强调人的不可分割性,从社会因素去理解人格的发展,并提出了“个体心理学”理论;兰克第一个将精神分析的研究重点从俄狄浦斯情结转向最初的母子关系。这些分裂也孕育了精神分析今后的发展。

在弗洛伊德逝世之后，精神分析的自我心理学代表着正统的精神分析的发展，在弗洛伊德最小的女儿安娜的推动下发展。顾名思义，自我心理学与传统的精神分析理论的不同是强调自我的功能。客体关系学派是指以克莱因、费尔贝恩、温尼克特等为代表的一批英国精神分析学家，他们改变了古典精神分析的理论基础，不再强调先天生物因素和本能驱力，转而强调早期母婴关系即前俄狄浦斯期对儿童心理发展的影响。自体心理学以科胡特为代表，他把精神分析的研究重点从本能驱力转移到自体（self），将自体看作是一个人心理世界的核心。在这些学派内部，也存在理论观点的差异，因而形成精神分析理论错综复杂的结构。虽然这些理论、学派名称、主张各异，之所以囊括在精神分析理论之中，乃是它们所强调的部分，都没有超出弗洛伊德所建立的框架，只是各自抓住经典精神分析理论的某一部分进行了更加深入的研究和探索。它们的共同点是都承认潜意识的存在。

我们也看到，古典精神分析的理论代表人物中，荣格、阿德勒、兰克等都在不同程度上关注宗教、文化的因素，进行精神分析理论与宗教相结合的探索。弗洛伊德对宗教的兴趣，第一是受他所处时代的影响，19 世纪末、20 世纪初是宗教学研究兴起的时代；第二是由于他个人的成长经历、兴趣、身为犹太人以及犹太同胞的生存困境，推动他探索宗教相关的议题；第三，对宗教的研究，特别是对摩西的关注，也可看作是弗洛伊德试图从精神分析出发，以期达成对自身的命运以及犹太民族所遭受的困境的理解和回应；第四则是精神分析理论发展的需要，人格结构理论的提出，特别是超我的提出，让弗洛伊德不得不面对宗教、文化相关的问题。

第三章
弗洛伊德的宗教投射论:“原始父亲”形象的投射

庄子曰:“鯈鱼出游从容,是鱼之乐也。”
惠子曰:“子非鱼,安知鱼之乐?”
——《庄子·秋水》

弗洛伊德作为精神分析学派宗教心理学的创始人,他的无神论思想中,最为心理学、宗教学领域研究者熟知的便是其宗教投射论。麦克·阿盖尔认为弗洛伊德关于宗教的最有影响的理论是上帝是父亲形象的投射。[①] 投射论往往与宗教起源问题相关,而宗教起源问题也是研究宗教现象的关键。从19世纪下半叶到20世纪上半叶,学者们都在从不同的领域谈论宗教起源的问题。近代的费尔巴哈、涂尔干、马克思、尼采以及宗教学家蒂利希和巴特都被视为这一链条上最为重要的几个环节。[②] 但关于弗洛伊德是否可以归到宗教投射论的框架中,学界一直存在争论。本章将通过对“投射”概念的细致分析来考察:学界何以对此产生截然相反的研究结论?投射概念在精神分析中的含义是否与在宗教学中的含义一致?真正的内涵是“投射”抑或“移情”?弗洛伊德是如

① 阿盖尔.宗教心理学导论[M].陈彪,译.北京:中国人民大学出版社,2005:105.
② 董江阳.宗教投射论及其在神学中的反应[J].宗教学研究,1991(Z1):54.

何用“投射”来解释宗教现象的？他的“投射”论是否对宗教学发展有影响，有何种影响？当代学者对宗教投射论的回应如何？因此，本章拟从两条路径出发：其一梳理在精神分析理论中“投射”概念的内涵、发展及其在精神分析实践中的应用；其二是厘清弗洛伊德是如何用“投射”来理解原始宗教现象及宗教投射论中所投之物的内涵及其思考逻辑，澄清部分研究对其宗教投射论的误解。

第一节 宗教投射论的发展与演变

一、前理论期的宗教投射论思想

宗教投射论是近代才提出的相对系统的理论，但蕴含投射论思想的论述很早便产生了，只是没有使用“投射”这个词语来表达。因此，本书将这段时期称为“前理论期”。正如蒂利希所说的投射论同哲学思想一样古老，最早可追溯到古希腊哲学家——科诺丰的色诺芬尼(Xenophanes of Colophon)。他有一段非常著名的论述是：如果马、牛、狮子有手，能够做人能做的事情，那么，它们造出的神就会和自己的身形一样，会造出马形、牛形和狮形的神。这可看作是对投射概念最早也是最清晰的描述。然而，色诺芬尼并不是从无神论的立场来做出此番论述的。他拒绝相信许多标准的神像，而且不认为神的思想和外形同人一样。他借此表述想厘清的是对一神论观点的扭曲，对神人同形论的驳斥——统治世界的神祇不可能真的化身为依赖于它的被造物的面貌。柏拉图也曾表述过类似的观点，在"有关不同部落的神的差异仅仅反映了部落特质"的智者辩论中，说道：神并不具有自然属性，只是人造的存在，依据不同的风俗习惯，他们对上帝的称呼也不一样，所遵循的规则也是由不同部落各自制定的。此外，柏拉图关于恋爱中人的状态的描述和精神分析理论中基于潜意识理论的"投射"概念较为相似。柏拉图曾说，因此，他/她爱一人，并不知道爱他/她什么；也不知道，也说不清楚在自己身上发生了什么。身处爱情之中的恋人将某些特质归因于他所爱之人，是由于他们潜意识崇拜着神：所有这些，提示你，他们将此归因于所爱之人……注入所爱之人的灵魂之中，在爱人身上创造出和他们所崇敬的神最相像的特质。这一观点与多年后弗洛伊德提出的"婴儿陛下"概念相似，父母由于一种内在的驱力驱动他们将所有完美的品质都投放在他们心爱的孩子身上。但柏拉图并没有意识到也没能解释在爱人身上看到的只是一种镜像，是他/她注视到的自身的东西。与弗洛伊德不同，柏拉图认为我们称为"投射物"的东西源于神，而不是源于主体。

二、"投射"进入宗教研究的视域

在"前理论期"，虽然相关思想家表述了投射的内涵，但并没有使用"投射"这一词语。投射这个词语进入心理学、宗教学的研究领域，和两种古老的光学仪器有关：暗箱和幻灯。罗杰·培根(Roger Bacon)，曾用镜子在黑暗的房间里做过实验。列奥纳多·达·芬奇(Leonardo da Vinci)，也曾用一个小的暗箱做过实验，并且与人的眼睛进行了第一次比较：当照亮的个体的图像通过一个小的洞进入一个非常暗的房间，如果你用一张垂直放置在离这个孔一定距离的白纸接受这些图像，你将会在纸上看到所有这些景象的原本形状和颜色,但它们会倒置而且变小……这些同样发生在瞳孔里面。笛卡尔(Rene Descartes)通过牛眼在一个小孔中反转和聚焦图像来探索暗箱,但他认为这样获得的结果是不可靠的。笛卡尔认为外面的自然世界由上帝造就,“真实”在这里面,但是我们不能直接了解自然的整个面貌,应该通过眼睛看,眼睛是能窥视世界的唯一小孔。约翰·洛克(John Locke)相信投射出的图像是外部世界的可靠图片。他在《人类理解论》中说:“人的理智好像是,除为了投影外界事物的外形(像)或外界的某些概念而穿小孔以外,完全封闭光线的小屋,两者几乎没有差别。”他们追求的是上溯光线寻求光源(即“真实”)的方法,这就是所谓“启蒙”。[①] 总而言之,暗箱是一个在文艺复兴时期广泛使用的工具,并且孕育了精神投射和精神主观性的共同图像。

将投射与宗教、心理研究紧密相连的另一重要工具是:幻灯(magic lantern)。暗箱是将外部图像投进黑暗的空间,而幻灯是为了达到戏剧性的效果,将图像绘在镜子或玻璃上,投在黑暗的房间的墙壁上。幻灯在欧洲的广泛使用,得益于一些街头魔术师的表演,他们常常在狂欢节的路边演出中用幻灯制作出一些如天使和魔鬼的图像来获得令观众震惊的效果。1753 年出版的《狄德罗百科全书》中详细解释了这项技术,但对于当时的大众来说,并不清楚是如何利用幻灯制造出这些图像的。一位街头魔术师在一次表演中,非常戏剧性地运用幻灯技术。他在观众面前摆一个火盆,将一些化学物质摇晃后投入这个火盆中,制造出烟雾,再将隐藏在幻灯中的图像投射到烟雾上。观众会在烟雾上看到他投射出的恶魔、头盖骨、骨骼和死去的英雄等令人毛骨悚然的图像。现场的观众看到这些景象,有的下跪,有的放下武器,有的吓得捂住自己的

---

① 转引自高瑞泉,颜海平.全球化与人类学术的发展[M].上海:上海古籍出版社,2006:108.

眼睛。到19世纪,幻灯被如此广泛使用,导致普通大众产生"天使和魔鬼什么都不是,只不过是幻灯投射出来的虚幻的东西而已"这一印象。从此,投射伴随着虚幻与宗教研究联系起来。直到1841年,费尔巴哈将"投射"的含义引入哲学研究中,被认为是宗教投射论的代表人物。

三、近现代宗教投射论的发展历程

在近代,系统阐释宗教投射论的当属费尔巴哈,弗洛伊德的宗教观也受到他的影响。费尔巴哈在《基督教的本质》一书中写道:"属神的本质不是别的,正就是属人的本质。或者,说得更好一些,正就是人的本质,而这个本质,突破了个体的、现实的、属肉体的人的局限,被对象化为一个另外的、不同于它的、独自的本质,并作为这样的本质而受到仰望和敬拜。因而,属神的本质之一切规定,都是属人的本质之规定。"[①]同时代的社会学家涂尔干在《宗教生活的基本形式》中进行图腾起源的解释时,也运用了投射概念。他认为神圣与世俗的绝对二分,是宗教最基本构成的第一要件。但人们总想回到那个神圣而狂欢的状态,于是透过定期举办节日活动与特殊节日,以及反复的仪式举动,渐次可以再唤醒彼此身上的集体情感,最后共同达到先前的神圣状态。这就是庆典的重要性。同时,在共同交流的过程中,也由于那股力量、集体情感太过抽象而无以名状,当群体一齐认可对象,就会把情感投射到它身上,于是出现图腾,以及将图腾转型到其他对象身上的"图腾标记",这些东西多少都分享着最初的神圣性,并提醒着人们神圣的集体情感在哪。此即为图腾崇拜之源。[②] 涂尔干是从

① 费尔巴哈.基督教的本质[M].荣震华,李金山,译.北京:商务印书馆,1984:466.
② 涂尔干.宗教生活的基本形式[M].渠东,汲喆,译.上海:上海人民出版社,2006:211.

社会学的视角将投射运用在图腾起源的研究中。在近代宗教投射论的路线中，卡尔·马克思也是非常重要的一环。马克思承认费尔巴哈的宗教投射论是对宗教最后的决定性的批判。但马克思比费尔巴哈更进一步，他说，这不能用个人去做出解释。这只能用人们的社会存在去加以解释，更特别的要用人们的阶级地位去解释。“宗教是人民的鸦片”[1]，他认为宗教是人的逃避行为，这些人为上层阶级所压迫，只能逃避到绝对的领域中去寻求想象中的完满。

正是在这一文化背景中，弗洛伊德被认为是宗教投射论链条的重要一环。麦克·阿盖尔(Michael Argyle)认为弗洛伊德关于宗教最有影响的理论是上帝是父亲形象的投射。[2] 凯伦·阿姆斯特朗(Karen Armstrong)将弗洛伊德的宗教观概述为位格神只是个崇高的父亲人物罢了，对此种神祇的需求源自婴儿期对具有力量、保护性父亲的渴求，以及对正义、公平和生命永久存在的盼望。神是这些欲望的投射，人们因挥之不去的无望感恐惧神、崇拜神。[3] 阿兰·帕杰特(Alan Paget)将弗洛伊德的观点进一步简化为信仰上帝不过是将纯粹的人类需要投射到某个新领域。[4]

尽管弗洛伊德只是从心理学的视角探讨人与神的关系而进入投射论的框架中，当代的一些著名宗教学思想家却没有忽视来自精神分析的挑战。蒂利希认为在费尔巴哈、马克思、弗洛伊德这条投射论的思想链条中，存在一个最大的问题是：假如承认

① 中共中央马克思恩格斯列宁斯大林著作编译局.马克思恩格斯选集(第1卷)[M].北京：人民出版社，2012：2.
② 阿盖尔.宗教心理学导论[M].陈彪，译. 北京：中国人民大学出版社，2005：105.
③ 阿姆斯特朗.神的历史[M].蔡昌雄，译.海口：海南出版社，2016：401.
④ 帕杰特，威尔肯斯.基督教与西方思想：哲学家、思想与思潮的历史(卷二)[M].胡自信，译.上海：上海人民出版社，2017：346.

上帝是父亲经验在我们思想上的投射,投射理论必须要解释的是为什么这个形象刚好投射在这个银幕上,为什么这个结果是无条件的、无限的、绝对的神。也就是说,投射意味着在银幕上映出一个形象,什么是这个形象投射于其上的银幕?他对此的回答是:父亲不是绝对的。只有当有某种无条件的东西或无条件东西的认知在我们之内,我们才能了解为什么这个被投射的形象必然是神的形象或象征。[①] 汉斯·昆(Hans Kung)对弗洛伊德的回应是,人类所有的信仰、希望和爱——与某个人、事物或上帝相联系——的确包含投射的要素。但是,它们的目标不必因此就仅仅是投射。信仰上帝的确受到儿童对待父亲的态度的极大影响。但是,这并不意味着上帝就不存在。[②] 彼得·贝格尔(Peter Berger)更加乐观地认为,从投射转向投射者,转向人本身,神学思想会更兴旺。投射论把宗教看成人的产物和投射,神学可以把这个投射再倒转过去,把人的投射看成神的实在的反射,是对终极实在的模仿或反映。[③] 利科视弗洛伊德的投射概念在宗教起源中的位置与内摄(introject)对超我起源的作用一样,只是心理功能的解释,我们必须越过图腾主义,回到他对投射过程解释的起点。[④] 因此,本章将通过对投射概念的考察,以及回归弗洛伊德原著,进一步探究弗洛伊德是如何使用“投射”概念,以及弗洛伊德的“投射”在宗教研究中的价值和局限,澄清部分研究对其“投射”概念的误解。

---

① 蒂利希.基督教思想史:从其犹太和希腊发端到存在主义[M].尹大贻,译.北京:东方出版社,2008:382、383.

② 帕杰特,威尔肯斯.基督教与西方思想:哲学家、思想与思潮的历史(卷二)[M].胡自信,译.上海:上海人民出版社,2017:346.

③ 董江阳.宗教投射论及其在神学中的反应[J].宗教学研究,1991(Z1):56.

④ Ricoeur, Paul. translated by Denis Savage (1970). *Freud and Philosophy: An Essay on Interpretation*, New Haven and London: Yale University Press, 238.

第二节　精神分析中的“投射”

一、投射概念的内涵与发展：精神症状中的防御机制

在当代，投射一词广泛使用在精神分析、心理学、宗教学领域。在不同领域，它具有彼此相似又不一致的含义。当我们谈论投射时，首先需阐明的是在何种意义上使用该词。因此，有必要对投射的含义做一简要的分析。

在**心理学**中，投射有以下几种不同的含义：第一，主体感知到周围的环境，并依据自己的兴趣、才能、习惯、长期或暂时的情感状态、期待与欲望等来对环境作出回应。内心世界与环境间的这种相互关系是现代生物学与心理学研究的主要内容之一。在现实生活中投射现象非常普遍：商人会从买卖的角度观察他/她所见到的人；心情愉快的人倾向于往乐观的方面去想问题。就更深层的意义而言，人格的结构或者核心特质会展现在个体的行为之中，这是一种最广泛意义上的投射界定，也是心理学中投射测验的理论依据。比如：通过儿童的绘画，可以对儿童的人格特点做出评估。目前，依据投射理论编制的标准化投射测验主要有罗夏墨迹测验和主题统觉测验，被广泛运用于人格测量。投射测验是指主试者给被试者提供一种模棱两可的多义刺激物，然后要求被试者在较短的时间内作出反应，编一个故事或者想到些什么。在这过程中，被试常常把自己的真实情绪、情感、态度、需要等心理活动，投射在个人的反应之中，主试者通过专业性的分析，可以对被试者的心理状态和人格特征作出评估。第二，根据个体的言行，主体表现出将

某人当作自己的重要他人来对待。比如,有人会将父亲的形象投射到上司身上。在此,心理学中的这一含义与精神分析有差别,对此现象,精神分析有另一专门的术语——移情来解释此种现象。这一误用也出现在很多对弗洛伊德宗教观点的表达中,下文会就投射与移情作出具体的区分。第三,个体将自己的某些特质放置在陌生人身上,或相反,个体将有生命的或无生命的存在看作和自己有相似之处。比如,在文学作品研究中,常谈及小说的读者将自己投射到这个或那个主角身上,或作者将自己的某些特质放置在作品中的某个人物身上,这是作者的投射。在精神分析框架下,这一过程也有另一专门术语来表示——认同,在此不多表述。第四,个体将属于自身但又不被自己接受的倾向、欲望等归给他人。比如在亲密关系中,男方可能将所有的依赖需要投射给女方,然后严厉地指责女方的“过分需要与依赖”。这样,男方可以从心理上将属于自己的过分需要与依赖从自身剥离,维持自己独立自主的男性认同。①

在宗教心理学领域,将“投射”表述为:是用来描述一种常见的心理动力的术语,在心理治疗和宗教批判研究中广为人知。投射可以理解为将 A 所拥有的特质归于他人 B 或者事物的过程,这些特质可以追溯到 A 的潜意识内容,比如爱、恨、神性。② 这是一个用途广泛的理论,既可以用来描述正常的心理过程,也可以用来描述病理的心理过程,如一见钟情也是一种投射。在《圣经·马太福音》中,也可以看到投射概念的运用,如耶稣说:“为什么看见你兄弟眼中有刺,却不想自己眼中有梁木呢?你自己眼中有梁木,怎

---

① 拉普郎虚,彭大历斯.精神分析词录[M].沈志中,王文基,译.台北:行人出版社,2000:368.

② Leeming, David A. et al. (Eds.) (2014), *Encyclopedia of Psychology and Religion*, New York: Springer Science Business Media, 1380.

能对你兄弟说‘容我去掉你眼中的刺’呢?”前文所述的宗教投射论的思想,均在此概念下展开。

在经典精神分析中,投射有不同于《宗教心理学百科全书》所述的含义。弗洛伊德认为,投射是指将一种自身拥有的难以接受的想法、感受、特质或行为归于他人的心理过程,即将本属于自己的但不被自身接受的方面“转移”到他人身上。在精神分析体系中,投射属于一种防御机制,它能帮助个体保护自己避免所知觉到的危险,并缓解难以忍受的焦虑和冲突。这种防御通过将内部或外部的威胁性体验从意识领域转移到潜意识领域,从而降低了威胁性体验的影响力。可见,宗教心理学对投射的界定比精神分析的界定更为宽泛。

弗洛伊德起初使用投射,是用来区分强迫性神经症与妄想症之间的防御机制的差异。首次描述投射的心理机制是在妄想狂的研究中。在慢性妄想症案例的分析中,他首次使用“投射”来理解一位病人P夫人的妄想症状。P夫人存在一系列的妄想症状,其中之一便是觉得周围的邻居以及亲戚朋友都在遣责她。弗洛伊德的原话是:“在妄想症中,自我遣责被压抑了,而这一机制正是投射。”[①]在此,投射被描述为一种原始防御机制,防御的本质就是将易引发焦虑的压抑的内容归到外部世界而不归到自己的一种归因过程。在此案例中,妄想症病人试图从外界寻找问题的起源,将其所不能容忍的感受、自我评价投射到外界,而这些内容随后以他人对自己遣责的言语返回。投射也可理解为将内在感受外化的过程。将超我外化到某一权威人物或他人身上,于是个体就能够将内部冲突演绎成与权威性或惩罚性他人之间的外部冲突,从而缓

① Sigmund Freud (2001), “Further Remarks On The Neuro-Psychoses of Defence,” *The Standard Edition of the Complete Psychological Works of Sigmund Freud*, *Volume Three*, London: The Hogarth Press and the Institute of Psychoanalysis, 184.

解自身难以忍受的内部冲突。

直至 1911 年,在《关于一个妄想症病例的分析报告》(*Psycho-Analytic Notes on an Autobiographical Account of a Case of Paranoia*)中,弗洛伊德才更新了对投射理念的阐释。投射不仅仅是对抗自我谴责的防御机制,还是迫害妄想症状形成的机制。比如在薛柏(Schreber)①的病例研究中,弗洛伊德的分析是:薛柏害怕自己的同性恋愿望,并在潜意识中将这种爱转变为对同性恋的恨,然后他将这种情绪归到憎恨同性恋的神身上。② 也就是说,薛柏对同性恋的恨是由于不能接受自身的同性恋愿望,通过压抑与投射的机制,将此种不能接受的愿望投射给憎恨同性恋的神。弗洛伊德在此案例中明确提出,在妄想症的症状形成过程中,投射作用的影响尤其突出。个人内在的知觉被压制,并且经由一个替换的内容,将其内容刻意地改写为一种外在的知觉。在病人的迫害妄念中,这种扭曲是以情感变形的方式完成的,即本应该从内心里感知为爱情的情感,却被理解为对外的恨意。弗洛伊德对案例的分析中,对投射概念有更为简明的表述:

> 第一,迫害妄念,它会大声而清楚地宣称:“我不爱他——老实说,我恨他。”这种抗拒在无意识中是不可能以任何别种形式出现的,但也不可能直接以这副面貌出现在妄想症患者的意识中。妄想症的形成机制要求作为内在知觉的感觉必须被一种来自外部的知觉所取代。由此,那个“老实说,我恨他”的命题也就被投射为“他恨(迫害)我,这让我有权恨他”。

① 薛柏曾任德国撒克逊地区法院首席大法官,将自身的患病经历写成《一名心理症患者的备忘录》,1903 年出版。弗洛伊德并未亲自为其看病,只是在该书的基础上进行分析。

② 格兰特.移情与投射[M]. 张黎黎,译.北京:北京大学医学出版社,2008:21.

由此,真正的无意识情感就披上了一件外衣,表现成为某种外在迫害的结果:“老实说,我不爱他——事实上,我恨他——因为他迫害我”。我们的观察明白无误地告诉我们,那个迫害者同时也就是被爱着的人。①

在薛柏的案例分析中,弗洛伊德继续阐释了投射机制在嫉妒妄想中的作用,并将正常的嫉妒与妄想症的嫉妒作出区分。在嫉妒妄想中,投射的作用在于:主体将不忠贞的念头放置在其配偶身上来防御自己不贞的欲望,借此方式,他/她转移了对自己潜意识的注意,将之移置到他人的潜意识中。同时,弗洛伊德也对投射机制在妄想中的作用作出提醒:一是投射作用在所有妄想症类型中扮演的角色其实不尽相同;二是它也并不仅仅出现在妄想症中,在其他一些精神条件下也会发生投射,而这根本就是我们对待外部世界的一种固有的方式。对于某种特定情感的根源,如果不在自身内部寻找,那我们就会把它们放到外部,而这种比比皆是的转换其实都可以被称为“投射”。由此看来,对于投射的理解还牵涉更普遍的精神机制。可以看出,弗洛伊德在此搁置了对投射作为更普遍的精神机制的问题。在《图腾与禁忌》一书中,弗洛伊德进一步扩展了投射的内涵。投射并非为防御的目的而产生,在没有任何冲突的地方也可产生投射。内部知觉的外向投射是一种原始的机制。

在上述文本中,弗洛伊德使用“投射”概念诠释个体精神症状中的心理动力,投射主要是作为防御机制在起作用。弗洛伊德在使用投射对妄想症解释时是相当谨慎的,投射仅能解释部分的妄想症状,并不是在所有妄想症中都会出现投射机制。

① 弗洛伊德.弗洛伊德五大心理治疗案例[M].李韵,译.上海:上海社会科学院出版社,2014:346.

二、投射概念的应用——“恶魔”是原始人对自身敌意的防御

以上是在精神分析理论中,弗洛伊德所使用的投射概念。弗洛伊德在宗教相关的研究中,是如何使用“投射”这一概念,以及用投射概念来研究何种宗教现象的?对此我们必须回到弗洛伊德的原著中来。

弗洛伊德首次在精神分析专业领域之外提到“投射”是在《图腾与禁忌》一书中。该书被认为是弗洛伊德应用精神分析观点和方法研究社会心理学的首次尝试,也是弗洛伊德第一次集中阐述自己关于宗教和道德起源的一部重要著作。全书由四篇论文组成,包括:对乱伦的恐惧、禁忌(Taboo)与矛盾情感、泛灵论法术和思想万能、图腾崇拜在童年时代的再现。正是在第二篇——《禁忌与矛盾情感》中,在对附加给死者的禁忌的分析中,明确使用了“投射”一词。弗洛伊德认为在原始人的观念中,刚死亡的人的灵魂会变成恶魔,活着的人因此感到有必要用禁忌来保护自己,防范恶魔的敌视。不同的民族以不同的方式来对付这种在潜意识中以对死者之死感到满足的形式而痛苦地感受到的敌意。对敌视的防御形式是,将它移置到死人身上。这种在正常的和病态的精神生活中都很常见的防御过程,叫作“投射”。[①] 因此,与通常的理解不同,比如,冯特认为死者的禁忌是对魔鬼的恐惧,而弗洛伊德认为是活着的人否认自己曾对所爱的死者心怀敌意,而是死者的亡灵怀有这种敌意,并且在居丧期内始终都在伺机害人。尽管未亡人通过投射进行了成功的防御,但是他/她的情感反应却显露出惩罚

① 弗洛伊德.图腾与禁忌[M]//车文博.弗洛伊德文集(第11卷).北京:九州出版社,2014:62.

和懊悔的特征。这时因为他/她本身成了恐惧的对象，要自我否定并受到限制，当然这一切已部分地被乔装打扮成针对满怀敌意的恶魔的种种防范措施。因此，从精神分析的视角，魔鬼被解释为活人对死人的敌视情感的投射。

在得出这一结论之前，弗洛伊德从精神分析理论出发，分析了“亲人在死后变成恶魔的假想”这一观念的内在动因。在此，弗洛伊德将附加给死者的禁忌与神经症病人的“强迫性自我责备(obsessive self-reproaches)”作类比，来进一步分析暗含于其中的个体内在的心理动力。强迫性自我责备这一现象可见于当妻子失去了丈夫，或女儿失去了母亲时，当事人常常无法摆脱那些折磨人的疑虑。她会无法肯定是不是由于自己的大意或失职，而导致亲人的死亡。她既回想不起是否曾给予死者无微不至的关怀，也没有确凿的证据来证明自己没有过失，因而这种折磨是无休止的。这种病态的哀悼形式，随着时间的推移，也会逐渐消退。[①]精神分析理论认为，个体不能轻易地否定或者摆脱它们，并不是哀悼者真的要对死亡负有责任，或真的失职了，而是在哀悼者内心存有某种东西，来自潜意识的愿望。在死亡发生后，责备作为一种反应完全是针对这种潜意识的愿望的。弗洛伊德认为，差不多在每一个对某个人产生强烈情感依恋的事例中，都可以发现，在柔情蜜意的背后，在潜意识中隐藏着敌意(hostility)。这是人类情感矛盾的经典性例证，或曰原型(prototype)。必须强调的是，弗洛伊德所提的矛盾情感与下一章阐释的俄狄浦斯情结有关。在弗洛伊德看来，这种矛盾现象或多或少存在于每个人的先天素质中；正常情况下，它不至于强烈到引起“强迫性自我责备”的现象，但是在素质中积累多了，就会在我们与至爱人的关系中，明确地体现出来。因此，在

① 弗洛伊德.图腾与禁忌[M]//车文博.弗洛伊德文集(第11卷).北京：九州出版社，2014：61.

这一推论之下,我们可以得出这样的结论: 死者的灵魂会变成魔鬼,活着的人感到有必要以禁忌来保护自己,防范恶魔的敌视——这一观念的内在动力是活着的人潜意识中对于新死亡之人的爱恨交织的矛盾情感。

在此基础上,弗洛伊德继续分析将死人转变为邪恶敌人的内在心理动力的机制——投射作用。在居丧期内,个体对死者的感情(柔情和敌意)都力图以哀悼、满足的方式表达出来。这两种对立的感情之间注定要发生冲突。投射机制正可以调节这样的内心冲突。活着的人一无所知同时也不愿意知道的那种敌意,是从内部知觉(perception)投射到外部世界中来的,从一个人那里呈现出来并投射到另一个人身上。他们并不因摆脱了死者而欣喜,相反对死者表示深深的哀悼。此时,通过投射机制,死者变成了恶魔,活着的人要防范这一邪恶的敌人。投射机制将个体内在对死者爱恨交织的情感压力转换成恶魔对个体的外在压迫。

在这一过程中,弗洛伊德始终强调,虽然死者生前的敌视行为,如凶残、权力欲、不公正,抑或所有与构成人类最亲近关系相对立的因素,使得人们有理由恨他/她。但仅这一因素还不足以解释投射而创造魔鬼的过程。真正的决定因素是那一直存在于个体精神世界中的潜意识的敌意。像这种针对一个人最亲近的亲属的、充满敌意的感情流可以终生都潜藏着,也就是说它的存在不会以直接或经由什么替代的方式在意识中被揭示出来。但是,一旦亲人去世,这种潜藏便不再可能,冲突趋于激烈。柔情的加强使人们对死者不胜哀痛。这种哀痛一方面对潜藏的敌意愈益厌烦,另一方面又不能容忍它引起任何满足感。因此,人们必然要以投射和设立仪式的方式,来压制这种潜意识的敌意。仪式同时也表达了人们害怕魔鬼惩罚的心理。在哀悼结束时,冲突已不再那么激烈。因此,施于死者的那些禁忌可以渐渐降低其严厉性,或者干脆湮没无闻了。

弗洛伊德在《图腾与禁忌》一书的第三篇——《泛灵论、法术、思想万能》中进一步明确提及,神灵和魔鬼只是人类自身情感冲动的投射。人类将自己的情感贯注转向形形色色的人,并使世界充满着这样的人,从而使自己能够在自身外部遭遇到自身内部的心理过程。① 值得注意的是,弗洛伊德依然是在严格的精神分析的概念之下使用"投射"这一词语。和上述对亡灵的禁忌分析一致,最初产生的那些神灵都是邪恶的神灵。他得出一个并不很确切的结论:人类的第一个理论成就——神灵的臆造来源于禁忌。在此基础上,弗洛伊德进一步探讨的是在人的心理结构中,究竟是哪一成分在灵魂和神灵这一投射臆造物中得到反映和再现。通过借用神灵与灵魂、人与自然两重性的这一属性,弗洛伊德委婉地提出意识与潜意识这一对并存的心理过程,并间接给出这一问题的答案:潜意识——心理活动的真正载体。他的推论过程显得有些仓促,他说:当我们和原始人一样将某种东西投射到客观现实中去时,其结果必定是我们承认有两种状态的存在。其一,某物被直接投射到感觉和意识之中(即出现在他们面前);其二,某物虽然是潜在的却能够再现。总之,我们承认感知和记忆的并存,或者,更加笼统地说,承认潜意识的心理过程与意识的心理过程并存。在上述分析中,人或物的'精神'最终导向这样一种能力,即在对这些人或物的感知停止后,人们仍能对他/她/它进行记忆和再现。接着,他进一步分析,在原始人那里,有些无法归于意识的心理过程,而必须归于潜意识的心理过程的品质。

从弗洛伊德上述的说明中,可以得出的结论是:"投射"这一心理防御机制,将人的心理结构中的潜意识部分投射成为神灵或

---

① 弗洛伊德.图腾与禁忌(1913)[M]//车文博.弗洛伊德文集(第11卷).北京:九州出版社,2014:91.

魔鬼。投射机制在此仍然是一种心理防御功能,是为了缓解主体内心对已亡之人的爱恨交加之冲突情感。同时它也是一种潜意识的运作机制。主体自身在意识层面并不清晰,也不能洞察到自身的矛盾情感。经由投射这样的自我保护机制,将内心对已亡之人的恨转而变成死者亡灵的敌意,通过禁忌——禁止触摸、禁止触碰等,来缓解内心由此产生的恐惧感。

第三节　上帝形象源自“原始父亲”

弗洛伊德被放置在宗教投射论的框架中,如前文所述,主要是源于弗洛伊德关于上帝与父亲形象的关系的阐述。此外,研究者对弗洛伊德这部分思想的转译,多将弗洛伊德所提的“原始父亲”简化为“父亲”,未对其所提的“原始父亲”做更深入的阐释。造成这一现象的原因可能是:一方面弗洛伊德进行宗教研究所运用的工具是精神分析理论,而精神分析理论是一直处于调整、完善之中的复杂的理论系统;另一方面,弗洛伊德自身对待宗教的态度也随着精神分析理论的发展有所变动。因此,本节梳理弗洛伊德宗教投射论中何为“投射物”及其思考逻辑,同时澄清以往部分研究对其观点简化表达造成的误解。

在涉及弗洛伊德宗教投射议题相关的研究中,一部分如上所述,研究投射机制在宗教研究中的作用。在此,我们发现弗洛伊德并未表达宗教是人类自身情感投射的含义,只是运用精神分析所定义心理防御机制之一——“投射”来理解原始人类对待已逝亲人的矛盾情感。另一部分的研究主要涉及父亲与上帝形象的关系。这一部分是国外研究者关注较多的部分。

在国内为数不多的研究中,研究者大多是在论述弗洛伊德的宗教观时,根据弗洛伊德关于上帝与父亲形象的论述,将其归入宗教投射论的范畴。如董江阳认为精神分析学的投射论深入个体潜意识深层,在弗洛伊德的理论中,人们创造了一个父亲形象以代替现实的父亲角色,并把这一形象投射在外部,从而形成了上帝的观念。单纯在讨论宗教起源问题时,认为弗洛伊德从心理医生的立场解释了宗教起源的共同特征,即将人的主观意愿投射到外在的某种超自然的人物或观念之上,以构成自己崇拜的对象,这就是著名的"投射理论"。李想提到弗洛伊德认为无论是一神还是多神,他们都是原始父亲形象的投射。[①] 周普元将弗洛伊德的部分观点总结为人们将自己最深切的愿望投射给一个全善而又万能的人格化对象(上帝或图腾),以便相信其真的实现人们对他/她/它的期待,这种信以为真的实际作用是为缓解此岸的现实痛苦提供一种心理平衡。国内暂无专门对这一主题的细致而深入的研究。

关于父亲与上帝形象这一主题,西方研究者既有理论探讨,也有些实证研究。罗纳德·约翰斯通在其著作《社会中的宗教》中指出,因为弗洛伊德强调群体的背景和群体的角色结构,因此其"上帝是父亲形象的投射"这一观点具有社会学的性质。[②] 阿盖尔认为弗洛伊德关于宗教的最有影响的理论是上帝是父亲形象的投射,它源于早期与自己真实的父亲的相处经验,而上帝就像父亲一样,成为人们需要的一种保护力量,不过它也是畏惧和罪感的源泉。[③] 宗教心理学领域开展了大量的实证研究,探讨上

① 李想.弗洛伊德的"禁忌"理论对宗教起源的解释[J].山东青年,2012(6):94.
② 约翰斯通.社会中的宗教[M].尹今黎,张蕾,译.成都:四川人民出版社,1991:46.
③ 阿盖尔.宗教心理学导论[M].陈彪,译.北京:中国人民大学出版社,2005:105.

帝形象与父母形象的关系。较多的研究证实上帝形象的形成和个体对自己、父母的评价有关。一项针对美国大学生的研究结果显示,自我评价较为严格的学生,他/她内心的上帝形象也是趋于严格的,另一项研究显示相对男性而言,女性更多将上帝看作具备女性角色的特质,比如支持性的、温暖的;而男性的上帝形象更多的是国王——具备男性的特质。也有研究得出不一致的研究结论。在德国开展的一项针对(7—16岁)儿童的上帝形象研究,结果显示是否生活在宗教环境中(联邦德国)对于儿童上帝形象的形成没有影响。研究显示随着个体的成熟,拟人化程度的降低,个体的上帝形象受父母的影响越来越小。可见,上帝形象与父母关系的研究直至今日仍然是宗教心理学研究者关注的重点。

国内外关于这一主题的研究呈现出这样的特点:一方面,众多的实证研究较多关注上帝形象与个体生活中父母的关系,多将弗洛伊德所提的"原始父亲"简化为"父亲";另一方面,理论研究较少回到弗洛伊德的原著,未对其所提的"原始父亲"做更深入的阐释。造成这一现象的原因,可能是弗洛伊德在进行宗教研究时,运用的研究理论是精神分析,而精神分析又是非常烦杂的理论系统。研究者多是在涉及上帝形象这一主题时,提及弗洛伊德的观点,而无暇厘清精神分析理论的脉络与内涵,以致对其观点简化的表达与其原本的含义产生差误。针对这一现象,本节回到弗洛伊德的原著,梳理他关于"原始父亲"与上帝形象之间的理论关系,同时澄清以往部分研究对其观点简化表达造成的误解。

在《释梦》(1900)出版后一年,弗洛伊德在对迷信的分析中,提出世界上迷信的大部分观点——经过漫长的演化,形成了现代的宗教——只不过是心理向外在世界的投射。① 在这一时期,精

---

① 弗洛伊德.日常生活的精神病理学(1901)[M]//车文博.弗洛伊德文集(第2卷).北京:九州出版社,2014:231.

神分析理论的核心架构并未成型,弗洛伊德当时也认为对这种心理因素以及在潜意识中的联系的模糊的认识很难表达。在此,投射只是作为一种认识世界的方式,被投射到外部世界的心理究竟为何物尚不清晰。随着俄狄浦斯情结在精神分析理论中核心地位的确立,弗洛伊德便将其用在对宗教现象的理解和分析中。这一心理投射物究竟为何,在弗洛伊德对达·芬奇的分析中有所体现:宗教需要扎根于俄狄浦斯情结中。俄狄浦斯情结有多种表现形式,核心是父子之间的矛盾情感。弗洛伊德确实多次在其宗教心理学的相关论述中提及上帝与父亲、父与子的关系,如个人的上帝,从心理上来说,只不过是抬高了的高尚父亲。① 正是随着抬高了从没有忘怀的原始父亲,上帝才获得了我们今天在他身上仍然识别的各种特征②,一个理想化的超人,这个神性的创造者被直呼为"父亲",精神分析推断,他的确是父亲③。在以上的论述中弗洛伊德并未直接使用投射一词来表达上帝与父亲之间的关系。对这一关系的深入理解,需要回到弗洛伊德的宗教起源论中。

弗洛伊德的宗教起源论分为两个部分:个体发生学与种系发生学。这两个部分都源于弗洛伊德对俄狄浦斯情结的发现和思考。④

在种系发生学这个方向,弗洛伊德提出"原始弑父"事件是图腾崇拜的源头,图腾动物之所以成为崇拜对象,是因为原始部落中

① 弗洛伊德.达·芬奇的童年回忆(1910)[M]//车文博.弗洛伊德文集(第10卷).北京:九州出版社,2014:156.

② 弗洛伊德.群体心理与自我分析(1921)[M]//车文博.弗洛伊德文集(第9卷).北京:九州出版社,2014:134.

③ 弗洛伊德.精神分析新论(1933)[M]//车文博.弗洛伊德文集(第8卷).北京:九州出版社,2014:146.

④ Wulff,D. M.(1991). *Psychology of Religion: Classic and Contemporary Views*. New York:John Wiley & Sons,272.

“弑父”的兄弟们把自己对原始父亲的矛盾情感投射于其上。“弑父”的兄弟们尽管恨父亲,同时却又爱着他。“弑父”后满怀悔恨,慢慢形成了“罪疚感”。在这种罪疚感的压迫下,儿子们建立起图腾崇拜里最基本的禁忌:禁止宰杀图腾(父亲的替代物)和族外婚(禁止同一氏族、图腾成员之间的婚姻);这两个禁忌与俄狄浦斯情结的两股被压抑的欲望(弑父、娶母)相对应。弗洛伊德在其《自传》(1925)中强调,“弑父”是图腾崇拜的核心和宗教形成的出发点。他认为原始父亲是上帝的最初形象,以此为基础,子孙后代们便塑造了上帝这个人物①,并且进一步推论宗教是人类普遍的强迫性神经症,和儿童的强迫性神经症一样,它也产生于俄狄浦斯情结,产生于和父亲的关系。②

在个体发生学方向,弗洛伊德认为上帝是理想化的父亲。弗洛伊德在1910年提出宗教需要扎根父母情结,全能而又公正的上帝是对父亲的崇高升华。③ 他认为个体对童年期的孱弱无助的印象,产生了寻求得到保护的需要(通过爱而得到保护),这一需要指向的对象是父亲。④ 随后,在《精神分析新论》(1933)中解释宗教的保护功能和禁令功能如何结合在一起时他进一步提到父亲在个体弱小时给予其保护,但当个体认识到现实生活中的父亲能力有限,又返回到早在童年时能给予自身保护的记忆中的父亲形象,把这个父亲抬高成一个神灵,并使之成为某种当代的和真实的东西。记忆中的父亲的强大力量和要求保护的执着性,一起支撑着

---

① 弗洛伊德.一个幻觉的未来(1927)[M]//车文博.弗洛伊德文集(第12卷).北京:九州出版社,2014:47.

② 弗洛伊德.一个幻觉的未来(1927)[M]//车文博.弗洛伊德文集(第12卷).北京:九州出版社,2014:48.

③ 弗洛伊德.达·芬奇的童年回忆(1910)[M]//车文博.弗洛伊德文集(第10卷).北京:九州出版社,2014:156.

④ 弗洛伊德.一个幻觉的未来(1927)[M]//车文博.弗洛伊德文集(第12卷).北京:九州出版社,2014:33.

个体对神的信仰。[1] 在此方向上，个体的内心既有俄狄浦斯期时对父亲的敌意与害怕，同时又有对父亲的爱与需要。个体为了缓解无助感，满足内心的安全感，通过将父亲理想化，形成了对上帝的爱和为上帝所爱的意识，用以抵御来自外部世界和人类环境的危险。

综观弗洛伊德的著述，首先，弗洛伊德确实在精神分析理论早期提出迷信——只不过是心理向外在世界的投射。究竟这一投射物是什么？弗洛伊德并未进行充分的阐释。但在其理论中期，弗洛伊德在宗教起源论相关的个体发生学与种系发生学两个层面，将人神关系转化为父子关系。在弗洛伊德看来，上帝与人的关系，不仅仅是意识层面的、现实生活中的父子关系的呈现，更多的是潜意识层面中"原始父亲"与人的关系的呈现。因而，将"原始父亲"简化为"父亲"，消减了精神分析理论对人神关系理解的内涵。弗洛伊德通过构想"原始弑父"事件创造了一个人类物种的"俄狄浦斯"，试图来连接其理论中个体心理与集体心理之间的断裂。其次，弗洛伊德没有直接使用"投射"概念来分析"上帝"和"父亲"的关系。因为在精神分析理论中，投射是指将本属于自己的但不被自身接受的方面"转移"到他人身上。在弗洛伊德关于"上帝"与"父亲"关系的论述中，上帝是"拔高了的父亲""理想化的超人"，上帝是个体所期望的对象、渴望认同的形象。在精神分析的理论中，这一关系更适合用"移情"[2]来理解，而不是"投射"。弗洛伊德从精神分析理论出发，通过精神分析独特的研究视角，为其无神论的宗教观提供理论支撑。俄狄浦斯情结是精神分析理论的核心，

---

① 弗洛伊德.精神分析新论(1933)[M]//车文博.弗洛伊德文集(第8卷).北京：九州出版社，2014：146、147.

② 移情(Transference)作为精神分析的概念及其作用，是弗洛伊德在安娜·O的个案中发现并提出的，指病人将其童年或早期生活过程中的体验与感受，转移到了他的分析师身上。

是潜意识理论的基石。我们应当越过投射论的边界,进入其理论的实质内核,才能对弗洛伊德宗教观作出恰当的回应。

第四节　评价与小结

虽然弗洛伊德在心理学、宗教学等不同的领域碰触到投射,但仍然赋予它十分严格的意义,是比心理学、宗教心理学的投射概念更为狭窄的含义。它多以防御,以及将主体所拒绝或误认的属于自身的性质、感觉与欲望归诸他者(人或物)的方式出现,是主体潜意识运用的机制,其向外投射的内容也主要源于人类心理结构中的潜意识内容。通过弗洛伊德对人类潜意识的洞察,我们看到投射作为一种具有防御功能的心理机制在妄想症、禁忌产生中的运作。仅在将投射作为一种更为广义的认识世界的方式时,它才与当代意义上的宗教有关。① 在宗教学研究中,万物有灵论、神话常被理解为:原始民族被假设没有其他能力去构想自然界,而将人类的性质与激情投射到自然力量上。弗洛伊德在此的主要贡献,是对原始人类的一些具体的现象,如特别的禁忌,提供了全新的诠释视角。这种投射其实是一种误认,恶魔并非是自身的邪恶,而是主体潜意识的敌意的投射。弗洛伊德在论述原始父亲与上帝形象时,也并未直接使用投射概念。因此“上帝是父亲形象的投射”这一简化的观点并不属于弗洛伊德,“原始父亲是上帝的最初形象”更能代表弗洛伊德对宗教的理解。宗教作为一种相当复杂和多重的文化元素,并不能简单看作任何精神机制的结果。

---

① 弗洛伊德.日常生活的精神病理学(1901)[M]//车文博.弗洛伊德文集(第2卷).北京:九州出版社,2014:231.

弗洛伊德在宗教研究中引入俄狄浦斯情结让他饱受争议，在这里存在大量亟待厘清的理论问题。投射在精神分析中也一直是一个未完全厘清的概念，弗洛伊德并未有一个关于投射的完整的理论，他只是阐述了投射在心理运作中的机制和作用，也并没有进行“宗教投射论”所关注的上帝是否存在的研究及论证。因此，从精神分析的“投射”概念出发，并不能将弗洛伊德放置在宗教投射论的范畴之中。但在一种广义的“投射”概念中，即将投射看作一种认识世界的方式时，弗洛伊德又可看作宗教投射论的一员。在弗洛伊德所有可见的文本中，仅有一次，而且是在精神分析理论的早期，在提及对迷信的分析中，提出世界上迷信的大部分观点——经过漫长的演化，形成了现代的宗教——只不过是心理向外在世界的投射。① 在这之后，并没有任何其他关于宗教是人类心理投射的言论。一般认为，宗教投射论会导致无神论的推论，但在弗洛伊德之后，部分研究者却将此视为神学的新起点。贝格尔认为，投射论把宗教看成人的产物和投射，神学可以把这个投射再倒转过去，把人的投射看成神的实在的反射，是对终极实在的模仿或反映。可见宗教投射论有两个维度：一是从人的视域出发，将神看作人的内在的投射，费尔巴哈、涂尔干在此维度；二是从精神或神圣维度出发，人是有限的，是对无限的存在之反映，基督教领域的研究者蒂利希、巴特、贝格尔更多从属这一维度。如此，从宗教心理学视角来看，宗教投射论并不必然导致无神论。投射论作为一种方法进路应说是中性的，只是过往较多人认识的是其中一面而已，也强化了人们对其的误解。厘清这一原点对于理解弗洛伊德思想有重要作用。

---

① 弗洛伊德.日常生活的精神病理学(1901)[M]//车文博.弗洛伊德文集(第2卷). 北京：九州出版社，2014：231.

第四章
弗洛伊德的宗教起源论：从个体心理到集体心理的俄狄浦斯情结

他解开了著名的谜题，是个了不起的伟人。

——索福克勒斯《俄狄浦斯王》

无论俄狄浦斯情结是否被接受和认可，弗洛伊德在1910年首次明确提出俄狄浦斯情结后，就着手开始《图腾与禁忌》的写作，并将俄狄浦斯情结这一心理学术语运用至图腾崇拜的起源研究中，紧接着，完成了《群体心理学与自我分析》(1921)、《一个幻觉的未来》(1927)、《文明及其缺憾》(1930)、《精神分析新论》(1933)以及《摩西与一神教》(1939)等在宗教学领域较有影响力的作品。

在宗教学领域，对弗洛伊德宗教起源论的关注着墨最多。如第三章所述，弗洛伊德将人神关系转换成父子关系，这一父子关系是以俄狄浦斯情结为核心。在《图腾与禁忌》(1913)一书中，他提出看似独特而又荒谬的论断：宗教是人类普遍的强迫性神经症，和儿童的强迫性神经症一样，它也产生于俄狄浦斯情结，产生于和父亲的关系。[1] 不仅如此，弗洛伊德之后在《摩西与一神教》中关

---

① 弗洛伊德.图腾与禁忌(1913)[M]//车文博.弗洛伊德文集(第11卷).北京：九州出版社，2014：48.

于基督教的圣餐等的观点均围绕“俄狄浦斯情结”而展开。

弗洛伊德的宗教起源论被概括为：种系发生学和个体发生学。在宗教起源的种系发生方向上，弗洛伊德构建了“原始弑父”事件，提出“原始弑父”事件是图腾崇拜的源头，图腾动物之所以成为崇拜对象，是因为原始部落中“弑父”的兄弟们把自己对原始父亲的矛盾情感投射于其上。在个体发生方向上，个体的内心既有俄狄浦斯期时对父亲的敌意与害怕，同时又有对父亲的爱与需要，通过对“原始父亲”形象的理想化，塑造了全能的上帝。因此，无论是宗教起源的种系发生还是个体发生，最终都汇集到俄狄浦斯情结中。俄狄浦斯情结并不仅仅是一个空洞的理论概念，而是对个体内心的复杂的矛盾情感的精炼。然而，在以往研究中，对于俄狄浦斯框架中的情感维度、道德维度的研究并不多见。这一维度更是存在于心理学与宗教学的交集——原罪与罪疚感之中。原罪与罪疚感一直以来也是西方宗教学领域研究的重点，正如俄狄浦斯情结之于精神分析的重要性一样，原罪与罪疚感是西方宗教学研究的基础与核心概念。因此，本章尝试通过跨学科的研究，从宗教学与精神分析理论两条路线出发，寻找其中的交集，以期清晰阐释弗洛伊德通过俄狄浦斯情结的概念对宗教学研究带来的影响，更进一步地给原罪与罪疚感的理论研究带来新的理解。

第一节　从神话到理论建构

俄狄浦斯情结是精神分析潜意识理论的核心，它既决定了男女性差异以及代际关系的构建，也同时决定了精神分析之心理病理学范畴（神经症、性倒错精神病）的分化和区分。它不仅涉及一般经验意义上的家庭三角关系，还进一步涉及了文化在种系内部的传递。[①] 俄狄浦斯情结提出至今，是弗洛伊德的理论中最易引起误解的核心概念，在哲学、艺术、文学领域引起了较为广泛而深入的讨论。因而，本节在精神分析理论发展的背景之下，试图厘清俄狄浦斯情结概念的提出、发展和内涵，进而更好地理解弗洛伊德宗教观的核心内涵。

一、源于希腊：俄狄浦斯王与俄狄浦斯

俄狄浦斯主题的神话故事存在于不同的文化中，是世界性的文学主题，也是思想史上恒久的人文命题，有着深厚的历史和文化内涵。[②] 弗洛伊德所参照的是古希腊的神话俄狄浦斯。其因悲剧艺术家索福柯勒斯（Sophocles）的戏剧《俄狄浦斯王》而成为古希腊悲剧的典范。弗洛伊德的精神分析理论，不仅使俄狄浦斯成为一个无论是在东方还是在西方，无论是在心理学、文学还是社会学、人类学、民俗学等社会科学领域都为人们所熟知的名字，俄狄浦斯情结也成了一个多学科使用的术语，而且是大众所熟知的心理学概念。

在索福克勒斯的《俄狄浦斯王》中，戏剧是从一位送信者来给俄狄浦斯加冕科诺斯国王开始，同时，索福克勒斯也透露了先知的预言：俄狄浦斯注定要杀死父亲并与母亲成婚，这也是导致俄狄浦斯逃离父母，远到底比斯的最终原因。俄狄浦斯由于对乱伦的恐惧而摘下皇冠。送信的人安慰俄狄浦斯说，不要太担心，科诺斯

---

① 居飞.俄狄浦斯：从弗洛伊德到拉康：以哈代的《意中人》为引[J].南方文坛，2016(1)：101.

② 唐卉.文明起源视野中的俄狄浦斯主题研究[J].江西社会科学，2009(6)：30.

的国王和王后并不是他的亲生父母。但这个安慰却产生了相反的效果,让俄狄浦斯开始意识到如果他不是科诺斯国王和王后的亲生儿子,那么他很有可能是他所杀的拉伊俄斯国王和他现在的王后伊俄卡斯特的儿子,而此时,他已与王后生育了四个子女。送信人的好意反而揭示了俄狄浦斯杀父娶母这一事实,导致俄狄浦斯在绝望无助中刺瞎双眼离开忒拜,伊俄卡斯特自杀身亡。索福克勒斯通过剧情的跌宕起伏,逐渐展现出这一事件背后所隐藏的信息。

不同领域的研究者均从不同的角度看待《俄狄浦斯王》神话所蕴含的主题。从亚里士多德开始,对《俄狄浦斯王》的评论转向了认识论的领域,浪漫主义时期,索福克勒斯的作品被提升到一个新的高度,弗里德里希·荷尔德林(J.C.F. Hölderlin)、黑格尔(G. W. F. Hegel)、尼采等都对其给予了充分的关注。在他们的笔下,俄狄浦斯是一位哲学家,索福克勒斯也不是在讲述人的命运,而是在谈论存在本身。米歇尔·福柯(Michel Foucault)则认为俄狄浦斯剧更能反映的是知识话语中真理的发生以及权力机制的运行。在福柯看来,《俄狄浦斯王》不仅体现了自我知识的揭示,还展现了不同类型知识的冲突、权力与知识之间的复杂交织,并且反映了真理审判程序的应用。[①] 刘小枫、陈少明主编的《索福克勒斯与雅典启蒙》一书,开篇选录了施密特的文章,指出:索福克勒斯的《俄狄浦斯王》“描绘了相信自己的知识和自己的力量的人如何遭到了存在意义上的失败。索福克勒斯并没有把俄狄浦斯塑造成一个启蒙的指路人或理论家,而是把他推到了启蒙的边缘上,使他成为一个具有自我意识的人的代表”,并认为要产生严格意义上的启蒙,却只有而且必须在与先知的角逐、后来则是在与德尔斐神谕

① 朱雯琤.“从无知到有罪”:福柯论“俄狄浦斯王”中的三重“知识—权力”交织[J].社会,2018,38(2):188.

的关系之中才有可能。[1] 据此看来，俄狄浦斯是个启蒙家，他依靠人的理性查出了自己杀父娶母的真相。

弗洛伊德则借用了《俄狄浦斯王》中“弑父娶母”的元素，来表达他在精神分析实践中所发现的人类潜意识中的情感冲突。他对《俄狄浦斯王》的阅读角度是独特的，也是创新的。在他之前，从未有人从普遍的儿童潜意识愿望表达的角度来理解《俄狄浦斯王》。俄狄浦斯情结的探索对弗洛伊德而言也是艰难的，他曾写信给弗里斯说，“我感到困在一个壳里，只有上帝才知道壳里会蹦出什么野兽！”在弗洛伊德后来的自我分析中发现，这个野兽的形象是一位意欲杀父娶母的小男孩，而被索福克勒斯搬上舞台的《俄狄浦斯王》则印证了他的发现。他在《释梦》一书中提到《俄狄浦斯王》从古至今一直深受欢迎的原因是“他的命运能感动我们，只是因为那可能也是我们的命运，它是我们所有人的命运，是它使我们把最初的性冲动指向了我们的母亲而把最初的怨恨和第一个谋杀的愿望指向了父亲”[2]。他认为俄狄浦斯的弑父娶母只是告诉我们，自己儿童时期的愿望得到了满足。我们的原始欲望在俄狄浦斯身上获得了满足，我们又以整个的压抑力量从他那里退缩回去，从而也压抑了原来心中的那些欲望。诗人展示了过去，揭露了俄狄浦斯的罪恶，同时又迫使我们去认识自己的内心世界，在我们的内心深处，这种冲动虽然被压抑下去，但仍可以发现。弗洛伊德认为在《俄狄浦斯王》剧本末尾的合唱中体现了这种对照：

……看吧，这就是俄狄浦斯，

---

① 施密特.对古老宗教启蒙的失败：《俄狄浦斯王》[M]//刘小枫，陈少明.索福克勒斯与雅典启蒙.北京：华夏出版社，2007：7.

② 弗洛伊德.释梦（上）（1900）[M]//车文博.弗洛伊德文集（第3卷）.北京：九州出版社，2014：244.

他解开黑暗之谜，智慧超群，位达至尊。
他吉星高照，光华四射，羡煞世人，
而今蓦然身陷苦海，怒浪排天，难保自身。①

弗洛伊德认为，这一合唱是对人类自己和人类的骄傲所敲起的警钟，警示我们这自以为从童年时起就如此聪明、如此强有力的人类：如俄狄浦斯一样，我们对这些欲望一无所知，缺乏道德，这一切都是天性强加于我们的，一旦我们认识到这些，一回想起童年的一幕，都会闭上眼睛不好意思再去回顾。这一解释，也回答了俄狄浦斯为何要通过刺瞎双眼来惩罚自己。

对索福克勒斯而言，他通过俄狄浦斯的弑父娶母展现的是人的自由意志与命运的对抗，却没能逃离命运安排的悲剧。虽然俄狄浦斯在剧中被描绘成一位伟大的、充满力量的国王，但却无力对抗命运的安排。索福克勒斯的俄狄浦斯王能够破解斯芬克斯之谜，是强大的国王，有能力实现杀父娶母，但在剧中并没有呈现出来自他自身的杀父娶母的欲望，一切皆因命运的安排。精神分析理论对此的解释是，这或许是运用了人的否认、移置等心理防御机制。因为这一欲望是不被文明所接受，也不被一个有道德良知的人所接受的，因而只好将其压抑进潜意识领域，但由于这一冲动的力量特别强大，因而通过文学、艺术，将这一欲望以被命运安排的形式表现出来。与索福克勒斯的俄狄浦斯不同，甚至，恰恰相反，弗洛伊德的俄狄浦斯是一个弱小的、依赖的儿童，具有杀父娶母的欲望却并不具备这样的能力。② 神话与戏剧的俄狄浦斯王的悲剧

① 弗洛伊德.释梦(上)(1900)[M]//车文博.弗洛伊德文集(第3卷).北京：九州出版社，2014：244.

② Bemporad, J. (1995). "Oedipus Rex and Oedipus Complex," *Journal of American Academy of Psychoanalysis*, 23(3): 494.

来自上帝的意志，而弗洛伊德的俄狄浦斯来自儿童自身的幻想。

二、俄狄浦斯情结的发现

在弗洛伊德50岁诞辰之日，其追随者定做了一枚大纪念章作为礼物。纪念章的一面镌有他的侧脸像，另一面是俄狄浦斯破解斯芬克斯谜题的情景。这枚大纪念章意味着，一方面至少已经有一些人对他作为潜意识探索者的肯定，另一方面，却也暗含了弗洛伊德对俄狄浦斯的认同。

弗洛伊德关于俄狄浦斯情结的概念是逐步形成的，从1895年《癔症研究》出版，到他最后一部著作《摩西与一神教》，俄狄浦斯情结与精神分析理论的发展是共同延伸的。弗洛伊德对俄狄浦斯情结的发现是在不同因素的影响下促成的，这些因素有来自他自身的自我分析，对癔症的研究以及诱惑理论的放弃，临床个案中的症状解读，当然还有对俄狄浦斯神话的阅读。首先，这是弗洛伊德将从他自身的分析以及对病人分析所获得的材料进行概念化尝试的结果；其次，在概念提出后，面对来自外界的批评和质疑，以及精神分析理论自身的发展、变化，俄狄浦斯情结的内涵也有所收缩和扩展。现将弗洛伊德对俄狄浦斯情结这一概念从发现到提出、应用作一清晰的梳理。

（一）自我分析

弗洛伊德16岁时第一次阅读《俄狄浦斯王》，但直到1897年，在41岁时，才开始考虑俄狄浦斯的故事可能揭示了一个对每个人来说都具有的普遍的意义。1897年（10月15日，71封信），也就是在其父亲去世一年后，他写信给他当时最亲密的朋友——弗里斯，这部分内容可看作弗洛伊德对俄狄浦斯情结最早的表述。

> 我在自己身上也发现了恋母妒父的现象,我现在认为它是发生在幼儿时期的一种普遍经历,即使并不像患有歇斯底里症的儿童一样那么早出现……如果确实是这样的话,我们就可以理解《俄狄浦斯王》为何拥有如此强大的吸引力了——尽管理性对命运的预设进行了种种反抗,我们也可以理解为什么后来的"命运戏剧"注定会惨败了。我们的情感会起而反抗诸如《太祖母》等戏剧中表现的任何随意的、个人的欲望,但是古希腊传说抓住的是一种人人都承认的欲望,因为他们在自己身上感觉到了它的存在。每一位观众都曾在幻想中成为初露头角的俄狄浦斯,但均在梦想实现的恐惧中退缩并将其移植到了现实当中,这一过程伴随着大量的压抑,正是这种压抑区分了一个人的婴儿状态和当下状态。[①]

1896年10月雅各·弗洛伊德病逝,之后弗洛伊德出现了系列的神经症症状。他发现自己连写信都困难,他写信给弗里斯说,"父亲的死对我影响很大,我对他非常尊敬……我现在有种被连根拔起的感觉"。对一个中年的儿子来说,面对高龄父亲"长寿地"结束生命,他的哀恸在强度上有些不同寻常。同时,他大量分析自己的梦,把自己的经验拿来做科学研究。他在自我分析中发现,一个人与自己的俄狄浦斯情结斗争时,无论克服或者失败都是危险的。[②] 在他服丧的过程中,试图把感觉转译为理论。从那时起直至今日,反对弗洛伊德简单地将他自己的心理创伤转译成普遍的心灵规则的声音,就不曾平息。弗洛伊德随后也承认这一点,并且

① 转引自黄文杰.论弗洛伊德对《俄狄浦斯王》的符码性解读[J].戏剧艺术,2015(2):98.

② 盖伊.弗洛伊德传[M].龚卓军,高志仁,梁永安,译.北京:商务印书馆,2015:99.

认为借着应有的谨慎推演，可以通过对自身的分析去发现造成每个个体差异的变化所在。弗洛伊德打算以他自己的心理经验，去探索更广泛的人类心灵规律。

（二）从诱惑理论到幼儿性欲理论的转换

弗洛伊德对俄狄浦斯情结的发现，同时伴随的是精神分析理论范式的转换。1895 年《癔症研究》的出版被认为是精神分析的开端。俄狄浦斯情结的发现，与弗洛伊德从事癔症研究的临床实践和理论探索密切相关。在癔症研究的早期工作中，弗洛伊德认为成年人的神经症是由创伤导致的，即病人在其幼年时受到成年人性的诱惑。弗洛伊德的诱惑理论，宣称所有的神经官能症患者都是儿童时期被兄弟、家仆或是父亲性侵害的受害者。在《癔症研究》出版后的几年里，弗洛伊德越来越放弃催眠暗示疗法，运用他所发明的自由联想法，用这种方法展开了梦的分析。释梦使他对自己的分析及随之而来的婴儿性欲、俄狄浦斯情结的发现成为可能。在《释梦》（1900）一书中，弗洛伊德首次公开关于俄狄浦斯情结的思考，但还没有用俄狄浦斯情结来命名。弗洛伊德认为在神经症患者的童年期，他们的精神生活中起主要作用的是其父母。对异性别父母的爱以及对同性别父母的恨是其心理冲动的主要来源，这些冲动是在其童年期形成的，也决定了其成年后的神经症症状。[①] 随后，弗洛伊德指出，俄狄浦斯的神话以及索福克勒斯的同名戏剧，让他对俄狄浦斯情结更加确信。诱惑理论也因此被儿童潜意识愿望和幻想的冲突所替代。诱惑理论的放弃，为精神分析打开了新的大门，使理论的重点从经验的心理学转向到意义的心理学。这个范式的转换，为幼儿性欲理论打下了基础，特别是俄狄

---

① 弗洛伊德.释梦[M].孙名之，译. 北京：商务印书馆，1996：260.

浦斯情结。

可以看出，俄狄浦斯情结的早期发现，主要受两个因素的影响：一是弗洛伊德在其案例研究中，诱惑理论在临床工作中的受挫以及同行的反对，让其重新思考神经症的病因；二是父亲过世后，弗洛伊德对自己过度哀悼的情绪与自身梦的元素的分析中所显露的内容。在这之后，随着弗洛伊德临床工作的进展以及对人类学相关的构想，他对俄狄浦斯情结的研究也更加深入和广泛。

（三）临床个案中俄狄浦斯情结的发现

弗洛伊德一生接待过很多病人，但公开出版的相对完整的案例分析仅有五个。1899 年弗洛伊德对朵拉进行治疗，并进行了案例的写作，正式发表时将之命名为《关于一个歇斯底里病例的分析报告》（1905）。起初这个案例报告的名字是《梦与歇斯底里症》，是为了给在《癔症研究》（1895）与《释梦》（1900）中提出的观点提供佐证。通过对案例的主人——朵拉的两个梦的分析，来呈现歇斯底里症状的心理层面的病因。在此《报告》中，弗洛伊德并未明确提及俄狄浦斯情结的相关概念，只提到俄狄浦斯神话是对亲子间性吸引这类典型关系的诗化结晶。[1] 在朵拉案例中，为俄狄浦斯情结，特别是负向俄狄浦斯情结的概念形成提供了非常具体的临床材料。朵拉既有对父亲的爱，又有对母亲的恨，被对 K 夫人[2]的爱与敌意所占据，这也是为什么朵拉的冲突很难修通的原因。

---

① 弗洛伊德.弗洛伊德五大心理治疗案例[M].李韵，译.上海：上海社会科学院出版社，2014：405.

② K 夫人是朵拉案例中朵拉父亲的情人，在此期间，K 夫人也与朵拉保持友谊的关系；而朵拉对弗洛伊德说 K 先生曾对她表示爱意。

另一个著名的案例是《对一名五岁男孩的恐惧症分析》(1909)。弗洛伊德的主要观点都是从成人的分析经验中获得的，汉斯是唯一的儿童案例，但弗洛伊德并没有亲自治疗小汉斯，是通过小汉斯父亲[①]提供的原始材料，指导小汉斯的父亲协助小汉斯克服了对马的恐惧症。在这一案例中，弗洛伊德将小汉斯称为"年轻的俄狄浦斯"[②]，底比斯的斯芬克斯之谜是小汉斯的疑问"孩子从哪里来的?"这一问题的变形而已，并且认为小汉斯的经历证实了他在《性学三论》中提出的关于幼儿性欲发展的一些观点。这篇案例也或许是弗洛伊德第一次引入和讨论"阉割威胁"和"阉割恐惧"[③]在俄狄浦斯情结中的重要作用。俄狄浦斯情结不仅与欲望有关，更与禁止有关。弗洛伊德也在此案例报告中指出，精神分析并不是把恶的本能引入意识使之强化，而是在分析中引入了一种新的机制，潜意识的压抑被有意识地克制所替代。在这里我们看到俄狄浦斯情结由两个元素组成，其一是杀父娶母的欲望，另一层面是对这一欲望的禁止。"阉割威胁"便是禁止命令的代表。个体在欲望与禁止的矛盾冲突中，陷入神经症的症状，而表现出常理所不能理解的言行。比如，小汉斯对马的恐惧是由于对母亲的爱意，希望占据父亲的位置，从而产生对父亲的敌意，禁止的命令让小汉斯对此感到害怕，马与父亲在他幻想中的相似性，让他把这份内心的情感冲突转移到对马的恐惧之上。在弗洛伊德后期的著作中，通过对自我理想的引入，论述了个体如何通过对禁止命令的接受，认同父亲，从而度过俄狄浦斯期，进入潜入期。

---

① 小汉斯的父亲葛拉夫(Max Graf)是维也纳精神分析学会的前身——星期三心理学社的早期成员之一；小汉斯的母亲在未婚前，曾找弗洛伊德治疗其神经症。

② 弗洛伊德.弗洛伊德五大心理治疗案例[M].李韵，译.上海：上海社会科学院出版社.2014：93.

③ 阉割恐惧于1908年首次被描述，与弗洛伊德的儿童性理论有关。弗洛伊德对小汉斯的分析在阉割情结的发现中扮演了重要的角色。

(四) 从临床个案到理论构建

弗洛伊德第一次公开使用“俄狄浦斯情结”这一术语是在《爱情心理学——男人对象选择的一个特殊类型》(1910)一文中。[①] 接着在论文 Introductory Lectures (1915—1917)、A Child Is Being Beaten (1919)中进一步整合了之前的理论发现,强调俄狄浦斯情结中,儿子对父亲的对抗行为,阉割情结与俄狄浦斯情结的联系以及性心理发展的性别差异。从1920年之后,弗洛伊德主要是对俄狄浦斯情结进行系统化的思考和提炼。弗洛伊德首次对俄狄浦斯情结作出概括性总结是在1920年给《性学三论》(1905b)写的补充说明里:俄狄浦斯情结是神经症的核心情结,也构成了神经症的主要内容,代表了幼儿性欲的顶峰,这个顶峰的“后效”对成年人的性欲具有决定性的影响。每一个新生的婴儿都将面临度过俄狄浦斯情结的任务,任何不能顺利度过俄狄浦斯情结的个体都将成为神经症的受害者。[②] 随着精神分析研究的进展,俄狄浦斯情结的重要性也变得越来越突出。是否承认俄狄浦斯情结的存在也成为区分精神分析的追随者和对手的准则。在这个补充说明中,弗洛伊德再次重申了俄狄浦斯情结在精神分析中的重要位置。

在《自我和本我》(1923)一书中,弗洛伊德区分了发生在男孩身上的俄狄浦斯的两种形式:正向的,负向的。正向的俄狄浦斯情结可以简单化地叙述为:在男孩很小的时候,发展了对他母亲的对象贯注,男孩子用以父亲自居(identification with)的方法来对付父亲。当对母亲的性愿望变得更加强烈而把父亲看作是他们的障碍时,就引起了俄狄浦斯情结。他以父亲自居的作用就带上了

---

① 弗洛伊德.爱情心理学:男人对象选择的一个特殊类型(1910)[M]//车文博.弗洛伊德文集(第5卷).北京:九州出版社,2014:132.

② Sigmund Freud (2001), “Three Essays on Sexuality and Other Works,” *The Standard Edition of the Complete Psychological Works of Sigmund Freud*, *Volume Seven*, London: The Hogarth Press and the Institute of Psychoanalysis, 226.

敌对色彩,并且变成了希望驱逐父亲以取代父亲的位置。[1] 对父亲的矛盾态度和对母亲的那种充满深情的对象关系构成了男孩俄狄浦斯情结的内容。随着俄狄浦斯情结的消退,男孩对母亲的对象贯注就必须被放弃。它的位置可被这两种情况之一所取代：要么以母亲自居,要么加强以父亲自居的作用。第一种被用来解释男性同性恋的形成;第二种被认为是更加正常的结果,它允许把对母亲的深情关系在一定限度内保留下来,以这样的方式解除俄狄浦斯情结将加强男孩性格中的男子气,弗洛伊德将之称为正向的俄狄浦斯情结。他同时指出,这种正向的俄狄浦斯情结并不是俄狄浦斯情结最普遍的形式,只是一种简化或图式化。[2] 对每个个体而言,俄狄浦斯情结通常是双重的(包含正向和负向),这归于最初在童年表现出来的雌雄同体。[3] 他进一步解释说,一个男性不仅对其父亲有一种矛盾态度,对其母亲有一种深情的对象选择,而且他还同时像一个女孩那样,对他的父亲表现出一种深情的女性态度,对母亲表现出相应的敌意和妒忌。

相应的,俄狄浦斯情结是一个系列：一端是正向的俄狄浦斯情结,另一端则是负向的俄狄浦斯情结,而其中间的成分将展示两个成分中占优势的那种完全的类型。随着俄狄浦斯情结的消退,它所包含的四种倾向将以这样的方式把自己组织起来,产生一种父亲认同作用和母亲认同作用。[4] 正是这一结果,使自我理想或

---

① 《自我和本我》是弗洛伊德后期主要著作之一,主要阐述了自我从本我、超我到自我的分化过程,以及自我理想的形成与超我、俄狄浦斯情结的关系。

② 弗洛伊德.自我与本我(1923)[M]//车文博.弗洛伊德文集(第9卷).北京：九州出版社，2014：175.

③ 弗洛伊德对两性并存重要性的信念由来已久,在《性学三论》(1905d)第一版中,他写道：如果不考虑两性并存,我认为,我们不可能理解在男人和女人所观察到的实际的性表现。

④ 弗洛伊德.自我与本我(1923)[M]//车文博. 弗洛伊德文集(第9卷). 北京：九州出版社，2014：176.

超我在自我中形成。它是俄狄浦斯情结的继承者，也是本我的最强有力的冲动和最重要的力比多变化的表现。正是通过人格中本我、自我、超我（自我理想）结构的确立，精神分析的解释越过个体精神病理领域，进入了社会文化的范畴。弗洛伊德由此提出，自我理想（超我）包含着一切宗教由此发展而来的萌芽。这一看似突然、激进的推论将在下文做进一步的展现。

弗洛伊德在解释女孩俄狄浦斯情结的解决和超我的建立时遇到了很大困难。弗洛伊德承认对女孩性心理的了解比男孩的要少得多。但他觉得也不用为此感到羞愧，因为女性的性心理一直是心理学的“黑暗的大陆”(dark continent)。弗洛伊德被广为流传的一句话是：“*Was will das Weib*?（女人到底想要什么?）”此外，需要强调的是男孩、女孩的俄狄浦斯情结并不是简单的对称关系。弗洛伊德在《两性解剖差异的心理结果》(1925)一文中首次强调了男孩、女孩的俄狄浦斯情结的不同形式：第一，对女孩来说，俄狄浦斯情结是次级形成的(secondary formation)，因“阉割情结”而引发，对男孩来说，俄狄浦斯情结因“阉割情结”而结束；第二，对女孩而言，缺乏解除俄狄浦斯情结的基本动机。在《精神分析新论》(1933)一书中，弗洛伊德指出，俄狄浦斯情结在女孩身上发生的情况几乎是与男孩相反的。阉割情结是为俄狄浦斯情结作准备，而不是毁坏它；她因受阴茎嫉羡的影响而放弃对母亲的依恋，并且进入俄狄浦斯状态，就仿佛进入了避难所一样。由于不存在阉割情结的恐惧，女孩便缺少了一种引导男孩克服俄狄浦斯情结的主要动机。她们在这一情结中停留了或长或短的时间，后来才摧毁该情结，即使如此，也摧毁得不彻底。在这些情况下，超我的形成必定受到妨碍，它无法得到使它具有文化意义的力量和独立性。因此，弗洛伊德认为男孩将逐渐地放弃俄狄浦斯情结或者将之压抑在潜意识中，而对女孩来说，它将持续地影响女性正常的精神生活。因此，弗洛伊德曾表达“女性没有超我”。这一结论引起了女权主义对弗洛伊德强烈的指责和批判。对弗洛伊德来说，他只是阐述他的理论发现的真相，无论这一真相是否讨人喜欢。

弗洛伊德最后一次对俄狄浦斯情结进行相对系统的论述是在《精神分析纲要》（1940）一文中，他的基本观点并没有大的变化，再次强调了俄狄浦斯情结的重要性，并回应为何成人总是否认俄狄浦斯情结的存在。他认为否认俄狄浦斯情结是潜意识状态的合理表达。对于外界质疑神话、戏剧中的俄狄浦斯王并不知道自己杀的是父亲，娶的是母亲，一切是在不知情的情况下发生的，弗洛伊德的回应是：这些只是对材料进行诗化处理时的尝试，这种歪曲是不可避免的，并认为莎士比亚笔下的哈姆雷特也印证了俄狄浦斯情结的存在。俄狄浦斯情结和阉割的关系在男女之间表现不同，从之前提到的“不对称关系”到此时，明确提出是一种“对立的形式”。[①] 也就是说，弗洛伊德认为，在男孩身上，阉割情结使俄狄浦斯情结趋于消失；在女孩身上，由于缺少阳具，而被迫进入俄狄浦斯情结。

三、俄狄浦斯情结的评价

弗洛伊德选择了俄狄浦斯这个古老的神话来代表人类的精神结构的基本元素。与俄狄浦斯所遭遇到的杀父娶母的经历类似，幼儿的潜意识中存有被乱伦禁忌所禁止的愿望。因此，俄狄浦斯情结包含欲望与禁止两部分内容。需要强调的是俄狄浦斯情结建立在婴儿是雌雄同体的假设之上，这一点在荣格那里演化为人格中的阿尼玛、阿尼姆斯，在拉康那里是“薄片神话”。在此基础上，

---

① 弗洛伊德. 精神分析纲要（1940）[M]//车文博.弗洛伊德文集（第 8 卷）. 北京：九州出版社，2014：322.

俄狄浦斯情结是力比多的内在驱力(Treib)向客体的投注,也是儿童对父母的情感体验,主要由潜意识的爱和敌意欲望组成。它的正向形式包括对异性父母的性欲望和对其竞争者即同性父母死亡的期望;其负向形式表现为对同性父母的爱,对异性父母的敌意欲望。在俄狄浦斯情结的多种情形中,这两个方面都会在一定程度上存在。男孩因阉割情结而结束俄狄浦斯期,女孩因阉割情结而进入俄狄浦斯期。自我理想是俄狄浦斯情结的继承者。俄狄浦斯情结在幼儿3—5岁时达到高峰,然后进入潜伏期。在青春期,俄狄浦斯情结又会复现,但通过家庭之外的客体选择能够在一定程度上克服它。它在个体的人格结构形成和人的欲望倾向中起着最基本的作用。

俄狄浦斯情结与精神分析的其他理论观点类似,提出后受到了来自多方的反对。首先是来自医学领域的同行(主要是精神病学与神经生理学)对力比多理论与俄狄浦斯情结的拒绝。其次,是来自精神分析学派内部,尽管精神分析是关于潜意识的学问,但弗洛伊德将俄狄浦斯情结作为潜意识中的核心内容,作为精神分析的"金标准",这导致了精神分析学派内部的分裂,阿德勒与荣格,由于对这一概念的不认同,与弗洛伊德彻底决裂。精神分析学派后期也发展形成了不同的分支和流派。最后,来自人类学领域,对《图腾与禁忌》等一系列观点的反对,特别是弗洛伊德构想的史前史与俄狄浦斯情结普遍性的质疑。俄狄浦斯情结是不是神经症的核心?俄狄浦斯情结是否适用于普通人?俄狄浦斯情结是否具有跨文化的适应性?弗洛伊德对此的回答是相当肯定的,但至今在不同领域仍存在不同的意见。

俄狄浦斯情结的争议,并不能否认弗洛伊德的思想是西方思想史和西方文化中最伟大的一项个人成就。他发起了一场理解人类心理的变革,但这场变革的影响已经扩展、改变、繁荣,形成了弗洛伊德及其同时代的人难以想象的更为复杂的概念、方法和观点。俄狄浦斯情结这个概念也已发生显著的改变，弗洛伊德对性占有和竞争的观点已经被极大地拓宽，包含一系列不同类型的动机和各种家庭动力学的群集。[①] 随着世界环境的变化，精神分析自身也在改变。当代精神分析文献和当前分析性实践中主要关心的内容也转变为对主观性的性质、个人意义和创造力的产生、主体在文化、语言和历史背景中的存在。

在精神分析的国内外临床实践中，也确实观察到个体心理对重要他人（父母）的矛盾情感。因此，在这个意义上，确实可在个体心理中观察到俄狄浦斯情结的存在，个体的俄狄浦斯情结是弗洛伊德的发现。然而，本书更加关注的是，弗洛伊德通过人格中本我、自我、超我（自我理想）结构的确立，精神分析的解释越过个体精神病理领域，进入了社会文化的范畴。弗洛伊德由此提出，自我理想（超我）包含着一切宗教由此发展而来的萌芽。弗洛伊德是从对个体的心理事件的理解进入宗教心理的研究中的，他想要表达的核心内容是什么？研究路径是什么？而对这些问题的回答，必须要回到集体心理中，回到人类的文明起源中。

第二节　俄狄浦斯情结与罪疚感

如本章第一节所述，个体心理的俄狄浦斯情结概念提出的影响因素有：弗洛伊德对自身的心理分析、对癔症的研究以及诱惑理论的放弃、临床个案中的症状解读以及对俄狄浦斯神话的阅读。

---

① 米切尔，布莱克. 弗洛伊德及其后继者[M]. 陈祉妍，黄峥，沈东郁，译. 北京：商务印书馆，2000：31.

弗洛伊德作为坚定的科学世界观的拥护者,他在个体精神分析理论建构及个案治疗中,遵循着理性思维所要求的特点:观察事实,逻辑推理,科学假说,严密求证,反复验证等。当他从个体心理的研究进入群体心理的研究时,作为个体潜意识心理结构表达的"俄狄浦斯",如何进入对人类宗教心理的解释,进入对图腾崇拜的起源的解释,进而构建了"原始弑父"事件,并将之作为"原罪"呢?本小节试图展现弗洛伊德对这一问题的思考历程,并尝试将之与宗教学中对"原罪"的理解进行比较分析。

一、宗教学中的"原罪"——对上帝的背离

在宗教学领域,"原罪"教义与奥古斯丁(Aurelius Augustinus)的名字紧密相连。奥古斯丁在与基督教异端"伯拉纠主义"辩论的过程中发展出"原罪"理论。何谓原罪?奥古斯丁认为:

> 原罪——就是那从一人入了世界,又传给众人的罪,也就是那使婴儿也必须受洗的罪——,虽然为数只是一个,但若把它加以分析,就可看出许多种不同的罪包括在其中。例如在其中有骄傲之罪,因为人会选择处于自己的管理之下,而不在上帝的管理之下。在其中又有亵渎之罪,因为他会不信上帝。在其中又有杀人之罪……在其中也有别的可以由仔细反省所觉察的罪。[1]

奥古斯丁的观点一直占据着拉丁教会罪论的核心传统,对神学和教会教义学产生了举足轻重的影响。他把沦落看作一个历史

① 刘宗坤. 原罪与正义[M].上海:华东师范大学出版社,2006:47、48.

上有据可查的事件，即人类的始祖因背弃上帝而从"整全状态"沦入有罪状态。奥古斯丁对"原罪"的描述具有几个基本特征：首先，"原罪"是天生的；其次，它属于人性的一个部分；再次，它可以让人具有犯罪的倾向并导致各种具体的罪行。原罪并不是贪婪、骄傲或者残暴等之中的一种，但正是由于人生而具有的、已深深植根于人性中的"原罪"的存在，才使具体罪行发生。①

狭义地讲，原罪是一个基督教术语。基督教罪论的最初框架建构于《旧约圣经》，旧约神学包含相互关联的两大主题：一是人的"罪性"，二是上帝的"救赎"。我国学者刘宗坤认为人的罪性包含两个方面的内容：个人的罪性和社会共同体的罪性，个人的罪总是与整个以色列民族的罪联系在一起。与此相应，上帝的救赎也具有双重意义：他既是对个人的救赎，也是对以色列民族的救赎。罪的问题总是存在于一个相互关系的三维结构之中：上帝—个人—民族构成的三维框架之中。上帝构成了神圣的超越之维，若无此维度，无论是个体的罪，还是民族的罪，均无从充分显现，也无从加以理解。② 因为，从根本上讲，罪乃是背离上帝。

在拉丁基督教历史中，从奥古斯丁至今，关于原罪的讨论从未停止。随着社会的思想变革，基督教神学也开始寻求对罪论作出新的阐释。贝尔纳德·拉姆(Bernard Ramm)将19世纪以来对罪论的重新阐释归结为四种潮流：第一，自由主义神学强调罪的社会维度；第二，生存论解释把罪视为一个生存事件；第三，人性论解释强调罪深深地植根于人性之中；第四，尚有神学家仍然采纳传统的原罪观，只不过对其稍作修正。③

在宗教学研究中，无论是传统的原罪观，还是自由主义神学、

---

① 张生.基督教"罪"概念的实在论分析[J].宗教学研究，2014(3)：220.
② 刘宗坤.原罪与正义[M].上海：华东师范大学出版社，2006：2.
③ 拉姆.原罪神学的核心[J].刘宗坤，译.道风：汉语神学学刊，1999(11)：137.

生存论、人性论,都没有偏离《圣经》,对罪的阐释的先决条件是超越的上帝的存在。其中,蒂利希从人的生存论困境出发,认为:“人的困境就是异化,而异化就是罪。”这一结论的起点是:人是有灵性的动物,他/她拥有自由,可他/她又不能充分实现自己的自由和潜能;……在有限与自由之间,在理想与现实之间,人不断地面对着生存的背离与对抗,又总是发现自己似是而非地活着,既非原本的我,亦非理想的我。[①] 在此,原本的我与理想的我的冲突,与弗洛伊德结构模型中“本我与超我”的冲突所导致的罪疚感有相似之处,只是弗洛伊德的超我对本我的冲突发生在个体的潜意识心理之中。

新正统派神学的主要代表人物之一艾米尔·布鲁内尔(Emil Brunner)也以生存观点解释罪。他认为,根据《圣经》的描述,罪源于人对上帝的反叛和背信。若以人的生存为基础着眼人类始祖的沦落,则这一事件解释了人反叛上帝的根本缘由,即期望自身能够“像上帝一样”,与上帝平起平坐。而我们在弗洛伊德的原罪——“弑父”之罪中看到,假如原始父亲就是上帝的原型,“弑父”之罪,也是期望自身能够像原始父亲一样,拥有原始父亲的权力。尼布尔认为,《圣经》说明在宗教方面,罪乃是人违抗上帝的旨意,妄想逾越神的地位。不同的是,《圣经》中的亚当只是言行上违抗上帝的命令,而弗洛伊德的原始族民,是通过暴力行动,杀害了原始父亲。

二、弗洛伊德的“原罪”——“弑父”之罪

弗洛伊德熟读《旧约圣经》,他所理解的基督教的原罪是违抗

---

① 王克琬,王再兴.罪就是人的异化:蒂里希罪论思想初探[J].广州社会主义学院学报,2010,8(1):55.

上帝的罪。[1] 或许弗洛伊德并不关心宗教学界对于原罪的理解路径，他并没有对此进行相关的评论，而是直接从精神分析的理论路径出发，构建了一个“原始弑父”事件，并认为：原罪就是夺命之罪，原罪就是被原始族民杀害了被奉若神明的原始父亲。[2] 不仅如此，在《摩西与一神教》中，弗洛伊德还构想了另外两次“弑父”事件，分别是：摩西之死以及耶稣的受难。这两次“弑父”是对第一次被压抑的“原始弑父”事件的复归。用精神分析理论的术语可以表达为：第二次、第三次“弑父”事件是对第一次“原始弑父”事件的强迫性重复。

弗洛伊德第一次提及“原始弑父”事件是在《图腾与禁忌》一书中。弗洛伊德在达尔文的原始群落理论与阿特金森对达尔文观点的发展，以及史密斯的图腾理论基础上，构建了“原始弑父”事件的内容。

> 某一日，那些背井离乡的兄弟们聚到一起，杀死并吞了他们的父亲，就这样家长式统治的群落土崩瓦解了。他们团结一致并鼓足勇气去干，终于做成了靠他们每个人决计干不成的事。（也许文化上的某种表达，如某种新式武器的掌握，使他们产生了一种优越感的力量），由于他们是食人的蒙昧人，不用说，他们肯定是既杀人又生吞自己的牺牲品。这位行为狂暴的原父无疑令所有兄弟们害怕和嫉妒，所以通过将他吞食这一动作，他们完成了与他的认同，兄弟中的每个人都得到一份他的力量。也许人类最早节日的图腾餐就这样成了对这

---

① 弗洛伊德.图腾与禁忌（1913）[M]//车文博.弗洛伊德文集（第 11 卷）.北京：九州出版社，2014：148.

② 弗洛伊德.摩西与一神教（1939）[M]//车文博.弗洛伊德文集（第 11 卷）.北京：九州出版社，2014：239.

一刻骨铭心的犯罪行径的重复和纪念。它是许多现象，如社会组织、道德限制及宗教的起始。

这些兄弟们之所以这么做，是因为父亲是他们在权力欲和性欲上的巨大障碍；然而，他们又是那么爱他、敬慕他。在他们将他剪除、解恨并将与他认同的欲望付诸实践之后，那种一度遭践踏的喜爱之情又必然会涌现出来。它以悔恨之情的形式表现于外。罪恶感表露了出来，它正好与整个群体都感受到的悔恨之情相吻合。亡故的父亲比生前更强大，因为，这些事变的影响在当今的人类事务中仍常常可见。至此，在他生前人们不可为之事又由儿子们加以禁忌，这就是我们非常熟悉的、在精神分析学中叫作"迟发性服从"的心理过程。他们禁止宰杀图腾这一父亲的替代物，以此来否定自己的"弑父"行为。他们也放弃了对现已获得自由的那些女人的占有权，以此拒绝"弑父"行为的成果。因此，这种基于孝心的罪恶感使他们形成了图腾崇拜的两个根本的禁忌（Taboo）。正是由于这一大逆不道的缘故，这两个禁忌必然要与俄狄浦斯情结中两个被压抑的欲望相对应。[①]

这一构想的事件，并没有得到科学和考古上的验证，但它凝缩表达了弗洛伊德试图厘清的罪、罪恶感、图腾餐、图腾起源与俄狄浦斯情结的关系。弗洛伊德对自己所创造的"弑父"事件的态度显得有些矛盾，他有时会将之称为"历史神话"，有时又认为这是真实发生的事件。现代的研究者，多将之作为神话来看待。无论如何，弗洛伊德认为"弑父"神话完美解释了图腾崇拜起源与族外婚的起源问题。当然，更令他满意的是，这个构想的事件更加完美

① 弗洛伊德.图腾与禁忌（1913）[M]//车文博.弗洛伊德文集（第11卷）.北京：九州出版社，2014：138.

地将俄狄浦斯情结作为宗教、道德、艺术的起源。虽然这一构想受到人们强烈的谴责，以及史密斯的图腾理论受到当时民族学家的反对，但在弗洛伊德晚年最后一本著作《摩西与一神教》中，他依然多处提及这次“弑父”事件，并对这一构想的内容进行了更加详细的叙述。

在《图腾与禁忌》一书中，这一构想是以相当浓缩的形式讲述的。但在《摩西与一神教》中，弗洛伊德补充认为，原始人类的“弑父”行为[①]可能持续数千年的时间，并反复发生过多次。在“弑父”时期后，在相当长的时间内，这些兄弟们互相争夺父亲的继承权，每个人都想成为拥有原始父亲那样权力的人。最终，认识到这些斗争的危险以及彼此之间的情感联系，每个人都放弃了他想要获得其父亲的地位和占有他的母亲及姐妹的想法。因此，产生了禁止乱伦和禁止族内通婚的禁忌。可以看出，直至生命的最后一年，弗洛伊德依然坚持“原始弑父”事件是一件“太初有为”的历史神话，他认为其中蕴含着历史的真理。

值得关注的是，在《摩西与一神教》中，不仅提及“原始弑父”事件，同时还构想了摩西被犹太人杀害的故事。在此，我们可将之称为第二次“弑父”事件。第一篇《摩西，一个埃及人》，弗洛伊德从摩西这个名字是埃及人的名字以及精神分析关于弃婴的神话分析，猜测摩西是埃及人。第二篇《如果摩西是个埃及人》，提出在犹太人的早期历史上存在两个摩西，一个是将阿顿宗教与埃及割礼的风俗传给犹太人的埃及人摩西，另一个是米底亚的叶忒罗德女婿——摩西。弗洛伊德参照 1922 年厄内斯特・赛林的发现，认为埃及人摩西在一个民族反抗中被犹太人杀害，他所引入的宗教也被抛弃了。这位真正给予犹太人一神教的摩西之死被逐渐遗

① 弗洛伊德猜测原始族民的“弑父”行为存在于较长的一段历史时期中。

忘,后来在阿拉伯米底亚人的影响之下,从埃及出来的犹太人接受了一种新的宗教,崇拜火山神耶和华。第三篇《摩西,他的人民和一神教》,提出摩西之死被保留在经过掩盖和歪曲的传说中,这些传说继续在犹太人民的心理上产生着作用,成功地把耶和华神变成摩西神,复活了早在数世纪之前就被引进、后来又被放弃了的摩西宗教。[①] 在此,弗洛伊德用个体心理发展中的潜伏期现象——被压抑事物的复归(return of the repressed)[②]来类比埃及人摩西的回归,而导致犹太人承认被杀害的摩西的心理因素是罪疚感。在这里,弗洛伊德认为犹太人对埃及人摩西的杀害以及后期对他的回归,是对在原始时代杀害"原始父亲"的罪行在摩西这位如父亲般的人物身上的重复。摩西的被谋杀是这一事件的重复,后来人们想象的法庭对基督的杀害也是如此。[③]

基督的被害也被弗洛伊德看作一次"弑父"事件。我认为这在弗洛伊德的"弑父"事件中,可看作是第三次"弑父"事件。弗洛伊德认为杀害摩西的悔恨之情为产生弥赛亚的愿望提供了刺激物。如果摩西是第一个弥赛亚,基督便是他的替代者和继承者。弗洛伊德认为是使徒圣·保罗(Paul)利用了犹太人杀害摩西之后的罪疚感,并将之称为"原罪"。这是一种反对上帝的罪,只能以死来赎罪。保罗通过救世主的观念,驱除了人性中的罪恶感。上

---

① 弗洛伊德. 摩西与一神教(1939)[M]//车文博.弗洛伊德文集(第11卷).北京: 九州出版社,2014: 223.

② 被压抑事物的复归: 与压抑机制有关,指个体的某些本能冲动由于不被接受,而被压抑进潜意识中。自我通过压抑过程来抵御这种危险的本能冲动,而它的诱发原因,以及随之而来的知觉和观念都被忘记了。但这一过程并没有结束: 本能要么保持着力量,要么重新聚集起来,要么被某一新的诱发原因重新唤醒。但由于压抑机制,本能只能寻求其他的替代满足,这种替代满足越过压抑机制,作为症状表现出来。自我因此不能理解这些症状。所有这些症状形成的现象,弗洛伊德将之称为"被压抑事物的复归"。

③ 弗洛伊德.摩西与一神教(1939)[M]//车文博.弗洛伊德文集(第11卷).北京: 九州出版社,2014: 254.

帝的一个儿子本来没有罪，却通过把自己杀死而承担了所有人的罪恶。基督的复活中也有某种历史的真理，因为他是被复活的摩西，而隐藏其后的是那位归来的原始游牧部落的原始父亲，现在被转型为儿子，安置在父亲的位置上。①

我们看到，从《图腾与禁忌》(1913)到《摩西与一神教》(1939)，弗洛伊德构想了三次"弑父"事件，而"原始弑父"事件是最重要的事件，是原罪的起点。因此，弗洛伊德的原罪，并非严格的教义意义上的原罪。摩西与耶稣的死亡与复活，只是由于一直被压抑在人类潜意识中的欲望以及由此而产生的罪疚感所导致的对"原始弑父"事件的再现。摩西以及耶稣是原始父亲的表征，他们具备与原始父亲同样的功能。

三、"弑父"事件的构建动因

弗洛伊德所构建的"原始弑父"事件，明显地背离了犹太—基督教的传统看法。弗洛伊德自始至终都认为自己是"犹太人"，并以此为傲。我们想探究的是他为何要背离传统而构建一个"原始弑父"神话。他推论的起点在哪里？又是如何展开论证，如何得出这样看似荒谬的结论的？

(一) 族外婚——乱伦欲望的防范

弗洛伊德在禁忌(Taboo)的研究中发现，禁忌有着对立的意义：一方面，它指神圣的(sacred)、献祭的(consecrated)；另一方面，它指诡秘可怕的(uncanny)、危险的(dangerous)。此外，在图腾崇拜中，最古老以及最重要的禁忌除了族外婚(避免与氏族中的异

① 弗洛伊德.摩西与一神教(1939)[M]//车文博.弗洛伊德文集(第11卷).北京：九州出版社，2014：242.

性成员性交)之外,另一禁忌是禁止宰杀图腾动物。弗洛伊德起初是为了探讨图腾崇拜的起源,以及图腾组织与族外婚(乱伦禁忌)之间的关系。他认为令人满意的解释应当既是历史学的解释,同时又是心理学的解释。但,弗洛伊德为何对图腾崇拜的起源和族外婚的起源发生兴趣呢?如前文所述,在此时,弗洛伊德已经明确提出了在个体心理中发现的俄狄浦斯情结,并将之作为导致神经症的核心病因。俄狄浦斯情结的核心可概括为"弑父娶母"的乱伦欲望以及对这一欲望的禁止。而图腾体系和族外婚紧密相连的部分是:拥有相同图腾的人们,彼此间不可发生性关系,因而不可通婚。弗洛伊德考察了大洋洲土著和美拉尼西亚、斐济、苏门答腊等地未开化民族对待这一禁忌的态度,发现在原始人的禁忌中,对违反族外婚的禁忌最为严格,甚至可以表达为原始人达到了乱伦恐惧的程度。

在弗洛伊德看来,乱伦恐惧是一种幼儿化的心理特征,与神经症个体的心理有明显的相似之处。在精神分析当时的临床研究中发现,男孩最早的爱恋对象具有乱伦性,是受禁的对象——他的母亲和姐妹。[①] 因而,族外婚是原始民族乱伦恐惧加剧的结果,主要是禁止年轻一代的乱伦,是对乱伦的欲望和行为的防范。弗洛伊德得出这个结论,除了观察到族外婚和个体心理现象的相似之处外,还受到弗雷泽的观点的启发。弗雷泽认为法律禁止的行为正是人在自然倾向的驱使下触犯的行为,即乱伦正是人的本能愿望之一,正因如此,才有图腾法规定氏族之内的成员不可通婚。因此,在禁止之下必有欲望这一前提下,弗洛伊德发现了原始人的内心欲望与个体心理结构的相似之处——乱伦的欲望及其禁止。但在有关族外婚的禁忌中,只看到俄狄浦斯情结"弑父娶母"欲望中

① 弗洛伊德. 图腾与禁忌(1913)[M]//车文博.弗洛伊德文集(第11卷).北京: 九州出版社, 2014: 21.

的一部分，"弑父"的冲动在哪里得以体现呢？弗洛伊德在对禁忌——禁止宰杀图腾动物的研究中发现了答案。

（二）图腾动物——父亲的替代物

学术界通常认为，"图腾"一词来源于北美印第安人阿尔昆琴部落奥吉布瓦方言的音译，在英文中它被固定为"Totem"。最先对图腾进行学术研究的人是英国的麦克莱南(J. F. McLennan)；紧随其后的是人类学家弗雷泽(James Frazer)，他被誉为图腾文化研究的奠基人。法国社会学创始人涂尔干从社会学的角度诠释图腾，他认为图腾是一种象征，是神的象征，也是社会的象征；最原始的宗教是氏族宗教，而这种宗教的主要形式就是图腾信仰。[①] 被誉为实验心理学之父的威廉·冯特(Wilhelm Wundt)认为图腾动物通常被视为有关群体的祖先动物……图腾成员不可食用图腾动物的肉，只有在特定的条件下，才被允许破戒。一个很有意义但并非与此势不两立的相反现象是，在某些场合图腾肉的食用，事实上已成为一种仪式。

在参考这些和他基本同时代学者研究的基础上，弗洛伊德对图腾的理解是：图腾通常是一种动物，偶尔也会是一种植物或一种自然现象，它与整个氏族有着某种奇特的关系。图腾首先是氏族的共同祖先，只经母系传承，同时也是向他们发布神谕并提供帮助的监护神。图腾保护着人，而人则以各种方式表达自己对这一图腾的崇敬。如果它是一种动物，则不杀它；如果它是一种植物，则不收割它。图腾动物如果死了，会像死了的族人一样，受到哀悼和安葬，有着禁止宰杀图腾的禁忌。图腾崇拜作为一种宗教形式，具有普遍的意义，是一切文化的一个固定阶段。

---

① 王晓天. 图腾：古代神话还是现代预言？[J]. 世界民族，2006(2)：57.

在此,弗洛伊德关心的是人类产生图腾崇拜的动因是什么,它表达了人类何种心理需要。弗洛伊德考察了当时的唯名论、社会学、心理学三种对图腾崇拜起源的解释,囊括了斯宾塞、涂尔干、菲森、朗格、弗雷泽以及冯特对待此问题的观点。这些学者的解释都不令他满意。弗洛伊德转而从精神分析的视角来分析这一起源。弗洛伊德对这一起源的分析,是将原始人的图腾崇拜与儿童的动物恐惧症相类比。类比法是弗洛伊德常用的研究方法,早在《强迫行为与宗教仪式》(1907)一文中,他就认为宗教信徒的活动和他的神经症病人有着密切的相似性。在此,他认为儿童与动物的关系以及原始人与动物的关系之间有许多相似之处,当然,他也明白这种相似只是表面上的、形式上的相似,并不代表两者之间存在内在的一致性。

被弗洛伊德用来举例的两名患动物恐惧症的儿童分别是:小汉斯[①]和小阿佩[②]。这两名儿童都不是弗洛伊德亲自治疗的案例。

如前章所述,小汉斯表现出害怕马,但同时又表现得像马一样到处蹦跳,并将父母认为是其他的一些大动物。弗洛伊德认为,小汉斯这一症状是典型的俄狄浦斯情结的表现。小汉斯把父亲当作争夺母亲好感的对手,在争夺母亲的对抗中,小汉斯心里产生了对父亲的恨,但父亲同时又是他所深爱的人,这一矛盾的情绪太过激烈,于是通过移置这一心理机制,小汉斯将对父亲爱恨交织的情感转移到父亲的替代物——马身上,从而将自己从对父亲的矛盾情感冲突中摆脱出来。但是移置并不能完全消除矛盾情感,这一冲突在移置的对象——马的身上继续表现。于是,小汉斯出现了对马的恐惧症。

---

① 小汉斯案例在本章第二节有所涉及,促使弗洛伊德将"阉割焦虑"引入俄狄浦斯情结之中。

② 小阿佩,是经弗洛伊德的一名追随者费伦茨治疗的儿童。

另一名儿童小阿佩的表现是对鸡特别感兴趣，学鸡叫，但他同时最喜欢的游戏是杀鸡。他会围着鸡手舞足蹈，此后又会亲吻或者抚摸死鸡，或者清洗并抚爱这些遭他虐待的、玩具般的鸡。[①] 言语中他以鸡自居，比如：我父亲是公鸡，我是小鸡，再长大一点我就成为一只公鸡。小阿佩的言行与图腾崇拜中原始人对图腾动物的言行有相似之处。可以看出小阿佩既喜欢鸡，但同时又对鸡有强烈的恨意，在表达恨意后又感到内疚，因而出现爱抚鸡的行为。

弗洛伊德在对儿童恐惧症的临床经验中得出一个结论：在每一个案中患者均为男孩，他们的内心恐惧都与其父亲有关，只是早已被移置到动物身上。小汉斯和小阿佩的表现与原始人类对待图腾动物的行为的相似之处在于：一是男孩对其图腾动物完全认同，二是男孩对图腾动物抱有矛盾情感态度。由此，弗洛伊德推论图腾崇拜的公式中图腾动物是父亲的替代物。因为，假如图腾动物就是父亲，那么图腾崇拜的两个主要禁忌（毋杀图腾，毋与同一图腾的女性发生性关系）就在内容上与俄狄浦斯王弑父娶母、儿童的两大原欲吻合了。我们看到，弗洛伊德在此用来类比的例子，主要是男孩。在个体俄狄浦斯情结的理论构建中，女孩的俄狄浦斯情结也一直是弗洛伊德所面对的理论难题，直到其理论后期，才对男孩与女孩俄狄浦斯情结的差异做出清晰的表述。这也是弗洛伊德的宗教论述中广受争议的部分。

小汉斯既希望马死去，同时又将自己认同为马；小阿佩既喜欢杀鸡的游戏，又喜爱鸡。原始人类将图腾尊为神，禁止宰杀图腾，但又会在节日里宰杀图腾。似乎到此为止，弗洛伊德已经从儿童动物恐惧症与原始人对待图腾动物的现象中找到了联系：儿童将对父亲的矛盾情感移置到动物身上，原始人将对原始父亲的矛盾

---

① 弗洛伊德.图腾与禁忌（1913）[M]//车文博.弗洛伊德文集（第11卷）.北京：九州出版社，2014：126.

情感移置到图腾动物身上。由此我们可以得出，弗洛伊德认为导致“原始弑父”事件的心理因素是存在于个体心理中的“弑父”的欲望。原始人图腾崇拜的动因是对原始父亲的爱和渴望，因此会对“弑父”事件产生罪疚感，对“弑父”的行动一直不能忘怀，于是将这一爱恨交织的矛盾情感转移到图腾动物身上。但弗洛伊德并不满足于此，他进一步分析了图腾餐与圣餐。

（三）图腾餐与圣餐——“弑父”冲动的移置

弗洛伊德对图腾餐的知识主要源于威廉·史密斯（W. R. Smith）[①]所写的《闪米特人的宗教》一书。该书认为“图腾餐”是图腾体系的必然组成部分，祭坛上的牺牲也是古代宗教仪式的本质特征。献祭的最古老形式是动物献祭，动物的肉和血由神和神的崇拜者共同分享，并且每一参与者都须分得一份图腾餐。为什么说献祭的动物就是原始人所崇拜的图腾呢？这源于对原始人类共同吃喝的分析。与他人共同吃喝是交情和互作社会承诺的象征和确定，且根据图腾法，唯有亲属才能共同进餐。献祭欢宴上每个参与者都必须分吃一块动物牺牲品。通过献祭，崇拜者们是在强调他们与这种动物和神之间的血缘关系。但原始人不可以独自宰杀动物牺牲品，只有在全氏族人都对这种行为承担责任时，才有理由为之。这一条规矩的内在意义与另一条规定完全相同，即对一个有罪的部落成员的惩罚要由全族一致执行。因为，在最早的时候，献祭动物本身是神圣的，其生命是不可侵犯的；若要宰杀这种动物，则氏族全体族民都必须参与其中，并在神的面前分摊这一罪

① 威廉·罗伯特·史密斯（1846—1894），生于苏格兰，物理学家、语言学家、《圣经》评论家和考古学家。1889年出版的《闪米特人的宗教》，是1888—1891年史密斯在英国阿伯丁的讲座文稿的汇集，当时讲座的题目是“闪米特人的原始宗教：从其他原始宗教，以及基督教《旧约》的精神宗教的视角”。

责，这样才能获得这一神圣的实体并分而食之，以确保他们彼此间的认同以及神的认同。① 弗洛伊德认为献祭的动物实则被当成部落的一员，祭祀的人们、神和献祭的动物都有相同的血统，都是一族成员。献祭的动物就是原始的图腾动物。

对图腾动物的圣餐性宰杀和集体食用是图腾宗教的一个重要特征。图腾餐仪式通常包括宰杀图腾、模仿图腾、欢宴，紧接着是对被宰杀动物的哀悼，哀悼之后紧接着狂欢。但如何理解原始族民宰杀图腾后的狂欢，以及紧随其后的哀悼这一看似矛盾的景象呢？通过弗洛伊德之前的结论——献祭的动物就是原始的图腾动物，而原始的图腾动物就是父亲的替代物，可以看到，图腾餐正是"原始弑父"事件的心理残留物，再现了"原始弑父"事件以及"弑父"之后的罪疚感。图腾餐是俄狄浦斯情结中"弑父"冲动的移置。对此现象的理解，与精神分析理论中的压抑机制有关。虽然文明让人类产生了压抑机制，对于不被意识所接受的念头会被压抑进入潜意识之中，但是人类的本能冲动总要伺机突破压抑，寻求表达。宰杀图腾、哀悼、狂欢，看似矛盾冲突的情形，一方面表达了个体内心被压抑的"弑父"冲动，愿望实现后的喜悦，另一方面又表达了"弑父"后的悔恨以及由此产生的罪疚感，这是人类缓解内心冲突的一种方法。

圣餐礼是基督宗教各派都遵守的圣礼，《新约圣经》作者马太、马可、路加与保罗都不约而同地记载了基督在受难前设立圣餐的事迹。但各派对圣餐礼的理解并不一致，主要分歧在于各派对于在圣礼中信徒吃进身体内的饼与酒是否就是基督的身体与血的理解不同。历史上存在同质说、本质取代说、变质说三种看法。目前，大部分新教宗派认为当耶稣指着饼与酒说"这是我的身体……

① 弗洛伊德.图腾与禁忌（1913）[M]//车文博.弗洛伊德文集（第11卷）.北京：九州出版社，2014：133.

及这是我的血"时,应该用寓言的方法去理解。圣餐的基本功用是纪念性的,代表信徒享受与基督深交的一种团契关系,提醒信徒与基督的联合及对他的信靠。①

与宗教学对圣餐礼的理解完全不同,弗洛伊德沿着精神分析对图腾餐的理解的思路,认为在基督教中,信徒称上帝为父就像原始族民称图腾为部落祖先一样。圣餐礼是古老图腾餐的再现。在原始献祭的情景中"父亲"有两次体现的机会:一次是作为上帝,另一次是作为图腾动物牺牲。图腾是"父亲"替代的第一种形式,神是后一种形式,在这种形式中,"父亲"又重获人形。② 在圣餐中,儿子们济济一堂分食这个儿子(已不再是父亲)的血和肉,以此获得圣洁并与他认同。基督教的圣餐从本质上讲是对父亲肉体上的消灭,是对"原始弑父"事件的重演。

但在《一个幻觉的未来》(1927)中,弗洛伊德提到《图腾与禁忌》一书的目的并不是想解释宗教的起源,而只是想解释图腾崇拜的起源,似乎体现了他自身对结论的不确定性。弗洛伊德一直饱受争议的"心理决定论"强调,人的言行都是有原因的,这个原因不是物理事件和过程,而是某种心理状态、事件和过程。因此,是个体内心的俄狄浦斯情结引发了"弑父"事件。弗洛伊德在《图腾与禁忌》中研究图腾崇拜的起源,并没有论证从图腾崇拜到人形神崇拜的发展,只是通过将种系发生与个体发生的心理相类比,得出了俄狄浦斯情结是宗教、艺术、道德的起点。弗洛伊德同时在《图腾与禁忌》一文的注解中也提出:他所作的这些努力只要求在已知或仍旧未知的宗教、道德和社会的起源中再增添一个新的因素——一个以精神分析学意义的思考为基础的因素。将这一解释综合成一个整体的

① 许志伟. 基督教神学思想导论[M]. 北京:中国社会科学出版社,2001:300.
② 弗洛伊德.图腾与禁忌(1913)[M]//车文博.弗洛伊德文集(第11卷). 北京:九州出版社,2014:142.

任务，只好留给他人去完成了。① 弗洛伊德并不盲目自信地认为俄狄浦斯情结是宗教、道德、艺术的唯一起源，他只是从精神分析的理论出发，为宗教、道德、艺术的起源增添了新的诠释。

第三节　宗教的心理起源

在俄狄浦斯情结的两个核心要素中，“弑父娶母”的欲望一直是被学界讨论得较多的部分，而另一要素——对欲望的禁止，涉及超我与罪疚感却没有引起足够的关注。如本章第一节所述，仅有欲望并不能构成情结，情结是两股力量在个体潜意识中的对抗。弗洛伊德在其理论后期，对于文明、艺术、宗教的关注均与禁止这一要素有关。因而，本节试图厘清的是个体心理的罪疚感与宗教学中的罪疚感、罪责有何联系，个体心理的超我、文化的超我与个体俄狄浦斯情结中欲望的动态关系，“原始弑父”神话与罪疚感、欲望的禁止存在何种关联。

一、心理学、精神分析中的内疚、罪疚感

在国内的伦理学、心理学研究中，多将 guilty 翻译为内疚，精神分析领域将其译为罪疚感，而在犹太—基督宗教的研究中，则将其译作罪责。从翻译用语的不同，也可窥见对这一概念理解的差异及蕴含在其中的文化差异。同时，我们也看到虽然翻译用语不

① 弗洛伊德.图腾与禁忌（1913）［M］//车文博.弗洛伊德文集（第 11 卷）. 北京：九州出版社，2014：151.

同，在不同领域的研究中多认为 guilty 与良心（conscience）有关。

目前国内外心理学的大多数研究将内疚界定为：当个体认识到自己做了某种违背道德的或伤害他人的事情，并应该为之负责时，就会产生内疚这种不愉悦的、自我聚焦的情绪反应。美国心理学霍夫曼（M. L. Hoffman）发现，尽管人们实际上并没有做伤害他人的事情，或所作所为也没有违反公认的社会道德规范，但假如他们以为自己做了错事或与他人所受到的伤害有间接关系，也会感到内疚而自责。霍夫曼将这种内疚称为虚拟内疚（virtual guilt），以区别伴随实际伤害行为或违规行为的违规内疚（即通常所说的内疚）。[①] 内疚是在自我进行道德评价过程中产生的道德情绪，又被称为自我意识的道德情绪，影响个体后续的行为。虽然内疚作为违反准则或伤害他人后产生的一种负性情绪体验，但近年来，进化心理学则关注和强调内疚的积极作用。进化心理学认为内疚在许多方面对人们的动机或行为产生有益的影响，内疚可以使人们更好地适应生活，促进道德品格发展以及提升人际关系和增加亲社会行为。[②]

在经典精神分析中，对罪疚感的界定受弗洛伊德理论晚期提出的"结构模型"以及攻击本能的影响。在弗洛伊德的理论早期，提出了"地形模型"，即关于潜意识及其不可触及的、压抑的愿望、冲突和记忆，与更可接受的意识和前意识之间的冲突的模型。随着临床经验的增加和概念的复杂化，弗洛伊德在理论上认为潜意识的愿望和冲动是与阻抗相冲突，而非与意识和前意识相冲突。同时，弗洛伊德在潜意识中发现了其他的东西：罪疚感、禁忌和自我惩罚。这些临床发现，促使弗洛伊德在理论上做出修正。在其理论晚期，他提出了结构模型。结构模型认为自身的所有主要成

---

① 乔建中，王蓓．霍夫曼虚拟内疚理论述评[J].心理学探新，2003(3)：25.

② 何华容，丁道群．内疚：一种有益的负性情绪[J].心理研究，2016,9(1)：3.

分都在潜意识中，而重大的界限存在于自我、本我和超我之间。随着个体心理的发育，自我、超我都从本我中发展而来。本我包含着原始、无结构、冲动的能量；弗洛伊德将这些能量称为“力比多”，力比多是一切试图通过身体而非仅仅通过生殖器获得快乐的源泉。因此，可以看出，弗洛伊德所界定的性欲远比通常认为的要宽泛得多。自我是调节功能的集合，保持着对本我冲动的控制；超我是一套道德价值观和自我批评的态度，主要是围绕着内化的父母形象组织起来的，是俄狄浦斯情结的继承者，它代表人类道德标准。[①] 正如孩子一度被迫要遵守父母的教导，自我顺从于超我的绝对命令。

1920 年，弗洛伊德在其理论中引入了“攻击本能”，赋予攻击和性在驱动心理过程的基本本能能量根源上的同等地位。[②] 基于以上理论上的变化，弗洛伊德在《文明及其缺憾》(1933) 中阐述个体如何既能表达攻击性，又能让攻击性显得无害时，对罪疚感做出了界定。他认为个体的攻击性被一部分自我所接受，自我又把自己作为一个超我(super-ego)而和自我的其他方面对立起来，现在又以良心的形式，准备对自我实行同样严厉的攻击，这样，自我就会享受到攻击别人的快乐。在严厉的超我和附属它的自我之间的紧张，我们将之称为罪疚感，它作为一种惩罚的需要而表现出来。罪疚感具有焦虑的性质，是良心的恐惧。超我是一个心理上的结构，良心是一种功能，是超我的功能，它的作用是监视和判断自我的活动和意图，行使稽查员的功能。罪疚感，即超我的严酷性，是像良心的严酷性一样的东西，是自我对在超我的要求和自我的努

---

① 弗洛伊德.自传(1925)[M]//车文博.弗洛伊德文集(第 12 卷).北京：九州出版社，2014：222.

② 米切尔，布莱克. 弗洛伊德及其后继者[M]. 陈祉妍，黄峥，沈东郁，译.北京：商务印书馆，2007：34.

力之间那种紧张的评价。

弗洛伊德认为在个体发生学方向上,罪疚感的产生有两个根源:第一,来自对外界权威的恐惧;第二,来自对内化了的外部权威——超我的恐惧。对外部权威的恐惧迫使我们克制本能的满足;对超我的恐惧还要外加惩罚。个体实际上并没有干坏事,只是出现了被禁止的愿望,也会被超我发现。这就是超我的功能之一,它存在于个体心理结构的内部。即在第二种情况下,邪恶的行动和邪恶的意图是等同的;此后便产生了罪疚感和惩罚的需要。[①]因此,罪疚感与超我有直接的关联,超我这个概念可以解释"为什么当个体并没有真正实施被禁止的行为"也会出现罪疚感。

我们看到,弗洛伊德对罪疚感的界定与霍夫曼的虚拟内疚有相似之处,即并不仅仅从外部事件的结果出发,而是强调个体对自身内部的念头的评判。关于罪疚感的起源,当代心理学与精神分析理论有着本质的不同。心理学强调内疚是个体在自我道德评价过程中产生的道德情绪,存在于个体可以意识到的感受层面;而弗洛伊德则认为这是个体潜意识内部的冲突所引起的张力,个体往往并不能直接理解自身罪疚感的真正原因,因为被禁止的念头往往还没进入意识层面,由于压抑机制,就进入了潜意识,但超我却可以感受到这个被压制的念头,从而引起个体内部的紧张。念头可以被压制,但这种冲突的张力却往往能突破压抑机制,最终进入个体意识层面的就是罪疚感。

二、犹太—基督教中的罪责

罪疚感是许多文化,特别是西方宗教传统下宗教经验的一种

---

① 弗洛伊德.文明及其缺憾(1930)[M]//车文博.弗洛伊德文集(第12卷).北京:九州出版社,2014:133.

重要成分。与心理学、精神分析学对“罪疚”的理解不同，基督教传统则更强调人在明白自己的“原罪”之后所坦然、主动的一种担当、责任感，所以这个词在犹太—基督教研究中通常译为“罪责”“罪感”。用宗教的语言来说，罪感与不符合宗教伦理原则的观念、行为相联系。

在犹太—基督教的传统中，对罪的本质的理解是以上帝与他的子民签订的圣约为起点的。上帝与人的圣约是代表神—人之间的关系，而这个关系是以律法来维系与保证的。因此，罪基本的本质是背约，是在触犯诫命的行为上破坏了神—人的关系。[①] 大多数基督徒也把罪责与不服从上帝的诫命或律法相联系。上帝对以色列的后代所颁布的十诫常被当作上帝诫命的原型，因为十诫指明了上帝期望的行为和禁止的行为。基督教自《新约》时代起直到现在都强调罪感的心理和主观的方面。耶稣基督因为知道叛逆的人离经叛道的基本原因，所以他不仅要求人坚守外在的诫命，更重要的是拥有一颗愿意守诫命的心。要制止罪行，必先克服罪念，因为“凡好树都结好果子，惟独坏树结坏果子”（马太福音 8：17）。

罪感及其所包含的人的责任，是奥古斯丁和梭伦·克尔凯郭尔（S. A. Kierkegaard）所关注的一个核心问题。他们认为，没有罪感，个人就不能认识自己行为的真正责任，也不能对自己的行为承担起真正的责任，就仍然是完全自私自利的——不可能接受上帝出于宽恕而施给的恩典。[②] 蒂利希则从“实存论”出发，将人类始祖亚当理解为人类的象征，“原罪”理解为人类普遍的异化，而“罪疚”是信徒敢于为自身与生俱来的“异化”担负起责任。人类由

① 许志伟.基督教神学思想导论[M].北京：中国社会科学出版社，2001：148.

② 蒙克，等.宗教意义探索[M]. 朱代强，赵亚麟，孙善玲，译. 成都：四川人民出版社，2011：348.

"认罪"来明白自己的有限,向上帝求助。基督徒的生存是生存在一种带有"罪疚"的生活中,感觉到自己有责任承担神话里自己的祖先所犯的"罪行",然后才能想办法"回到"本质。①

犹太—基督教传统,强调罪的普遍性,罪责并不被视作一种感受或情绪,而是因为人的作为破坏了上帝对人类一切的计划、安排与期望;在上帝与人们的关系中,人处于一个错的身份与位置,因而有其应负的责任;人不能亦无须否认与掩饰伴随着罪行而来的罪责与罪疚,需要做的是获得上帝的恩典,以获得赦免并从罪性、罪行、罪责与罪疚中得以释放。犹太—基督教传统的罪责始终存在于人与上帝的关系中,而精神分析的罪疚感则受超我的影响,超我的命令有时也会以上帝的诫命的形式出现。此外,相对罪恶的行为,两者都更加关注罪恶的"念头"。犹太—基督宗教强调对此念头的反省,通过与上帝的靠近,从"罪疚"中解脱;精神分析则强调通过超我的功能来制止罪恶的"念头"的实施,并表现为个体自我惩罚的行为,从而缓解罪疚感。因此,当代的研究一般将基督宗教中的罪疚看作伦理罪疚(moral guilt),与罪疚感是不同的。一个人越敏感,就越容易对自身的言行产生罪疚感,但并不是每个伦理罪疚都会伴随罪疚感,而有些罪疚感明显超出了事件本身应带来的反应,这就需要用心理治疗的理论去理解和分析它。精神分析中的罪疚感与"超我"有关,弗洛伊德在《精神分析新论》(1933)中提出个体超我(自我理想)的获得是以其父母的超我为模型的,而不是以其父母为模型。超我的内容都是相同的,它成为传统的价值判断的载体,这些传统的价值判断以超我的方式代代相传。在这里,弗洛伊德便遇到一个难题,即超我总有一个起点,这个起点在哪里?对这个问题的回答,我们需要再次回到弗洛伊德的"原始

① 张生.基督教"罪"概念的实在论分析[J].宗教学研究,2014(3):223.

弑父”神话中。

三、罪疚感与“原始弑父”神话

个体发生与种系发生是弗洛伊德研究中非常重要的两个方向。在论述罪疚感的个体发生学的解释时，弗洛伊德认为是个体对外部权威，以及内化了的外部权威（超我）的恐惧导致了罪疚感的产生。在个体发生学中，罪疚感先于超我而产生。因为在外部权威还没有内化为超我时，个体的罪疚感表现为对外部权威的恐惧，害怕失去外部权威的爱。而在种系发生方向上，罪疚感的产生要追溯到“原始弑父”神话。弗洛伊德假设人的罪疚感的起源也在俄狄浦斯情结中，并且是在“父亲”被联合起来的兄弟们杀死时才获得的。那时攻击性不但没有受到压制，反而得到了实施。因此，在种系发生方向上，弗洛伊德认为罪疚感是“原始弑父”的结果。

让我们再次简要回顾“原始弑父”神话，来厘清在种系发生方向上，“本能欲望”“超我”“罪疚感”之间的关系。在精神分析理论中，人类先天存在两种本能——“爱欲”与“攻击”。人们一旦面临和同伴一起生活的任务，而且是以家庭生活的形式展开时，这两种本能的冲突就会在俄狄浦斯情结中表现出来。在原始社会中，这两种本能在家庭中表现为儿子们恨父亲，但也爱父亲。在“弑父”行为后，儿子们对父亲的恨被他们的攻击性活动满足之后，他们的爱就在对其父亲采取行动的懊悔中表现出来，于是便通过对父亲的认同作用建立了超我，把父亲的惩罚权授予超我，好像父亲要对儿子们对他所施行的攻击行为进行惩罚一样，于是产生了第一种罪疚感。但由于攻击性是人类的一种本能冲动，这种对“父亲”的攻击性冲动只是由于超我的建立受到了抑制，但还是会在后代身上重复出现，罪疚感也伴随着超我对冲动的抑制而保留着，并且每次都被那个重新受到压制和转移给超我的攻击性所进一步强化。在这里，超我也可以看作是攻击性本能的内投。由此，弗洛伊德认为罪疚感注定不可避免地留存在人的内心。

在种系发生方向上，原始父亲是群体的领袖，群体的典范，在"弑父"行动后，对父亲的爱唤起了懊悔的情绪，个体通过对原始父亲的认同，将父亲放置在自我理想的位置上。因此，在"弑父"行动之后的个体心理中，超我使企图攻击和实施攻击之间失去区别。不仅实际上采取暴力行动能引起罪疚感，就是采取暴力行动的意图也能引起罪疚感。一方面，在其历史的开端，也就是在杀害原始父亲的情况下，罪疚感是实施了攻击行动的结果。但另一方面，罪疚感是未遂攻击性行动的结果，因为罪疚感是表示矛盾心理的冲突，表示爱欲和攻击本能之间的永久斗争。

弗洛伊德把罪疚感描述为文化进化中最重要的问题，在论述文明对本能的压制、人类如何获取幸福时，用很大的篇幅来讨论罪疚感。他认为文明描绘了整个人类成就以及规章制度，它们将我们与我们动物前辈的生活区别开，以实现两个目的，即保护人类应对自然和协调人际关系。[①] 但由于人类先天存在的爱欲与攻击的本能，在缺乏文明禁令的情况下，力比多的能量将在外界随意表达，实现本我的欲望。比如，杀人、占有别人的财产、将任意的女性作为性对象。但问题是最终只有一人能够获取这样的生活，这类似于弗洛伊德所说的"弑父"行动之前的状态，只是在一个小范围内，原始父亲是群体的权威，为所欲为。"弑父"行动后，对原始父亲认同形成的超我，对个体发出禁止杀人、禁止乱伦的命令，这正是文明的开端。"每一种文明似乎都必须立足于对本

① 弗洛伊德.文明及其缺憾(1930)[M]//车文博.弗洛伊德文集(第12卷).北京：九州出版社，2014：96.

能的克制和强制之上。”[①]但是，人类又不能将本能全盘抛弃。文明通过抑制本能需要来协调个体与群体之间的关系，扮演着父亲的角色。文明通过转化和削弱个人危险的欲望，通过在个体内心建立超我来监管本我，担负父亲替身的作用，这意味着俄狄浦斯情结具有社会维度。[②] 因此，在弗洛伊德看来文明的代价是提高个体的罪疚感，丧失幸福感，不同的宗教都重视罪疚感在文明中所起的作用。

基督宗教认为可以把人类从这种罪疚感中拯救出来。弗洛伊德猜测从基督教借以获得这种拯救的方式中——通过牺牲某一个人的死，这个人把大家共同犯的罪都加在自己身上——就可以推论出是什么原因使人获得了这种最初的罪疚感，这种情况也是文明的开端。换言之，弗洛伊德对基督教神话中原罪的理解是——因为耶稣基督牺牲了自己的生命，从原罪的精神负担上拯救了人类，所以原罪是夺命之罪。在此，弗洛伊德认为基督教中大家共同犯的罪正是远古时期“弑父”之罪在个体心理上的残留。他将基督宗教中的“罪”的概念替换成潜意识中的“弑父”之罪，从而得出人类的罪疚感是从“弑父”之罪而来的，并不是《圣经》中的伊甸园神话。因此，在弗洛伊德的概念中，人类的罪疚感只有一个来源：“弑父”神话。这与我们当代的心理学、犹太—基督宗教中对罪的理解有着本质不同。

然而，以上也正是弗洛伊德认为的宗教功能之一，调节着人类的本能与文明的要求之间的冲突。文明是禁止杀人、禁止乱伦的，但人类的潜意识领域中，“弑父”事件之后，个体内心的罪疚感，让

---

① 弗洛伊德.一个幻觉的未来(1927)[M]//车文博.弗洛伊德文集(第12卷).北京：九州出版社，2014：7.

② 威尔肯斯，帕杰特.基督教与西方思想(卷二)[M].刘平，译.北京：北京大学出版社，2005：342.

“弑父”的兄弟们认同原始父亲，承认他的禁止命令，这些攻击和性的力比多能量被约束，没有释放的能量被压抑进潜意识领域。但这些能量总是要寻求表达，文明却通过各种规章制度限制这些表达。在这种冲突之中，罪疚感一直存在于个体的内心。耶稣基督的受难，替所有人承担罪行，将人类从罪疚感中拯救出来，从而缓解了个体的良心不安。但这与基督教神学家尼布尔的理解恰恰相反，尼布尔认为：基督教必然产生一颗不安的良心。只有在基督教信仰的观点上，人才能不但了解罪恶的真实性，而且也避免将罪恶归于事物而不归于人本身的错误。①

在弗洛伊德对于罪疚感的论述中，研究范围主要是他所处的西方文化，特别是犹太—基督宗教的教义和伦理。这也是研究者对弗洛伊德宗教观批评较多的部分，同时也是弗洛伊德宗教研究存在的非常明显的局限性。对不同文化的宗教现象的理解和分析也确实超出了弗洛伊德的知识范围，他也认识到了这一点。毕竟，对他而言，宗教研究并不是他的主业或擅长的部分，他跟随自己的兴趣与内心的需求，才进入了宗教学的领域，研究工具始终是其精神分析理论。

第四节 评价与小结

回顾弗洛伊德对“原罪”与“罪疚感”的研究，他通过构建“原始弑父”神话，将俄狄浦斯情结作为图腾崇拜的起源，宗教出现的起点。他的思考路径和方法始终是基于精神分析理论的，与宗教

① 尼布尔.人的本性与命运[M].汤清，译.北京：宗教文化出版社，2011：12.

学的研究思路完全不同。他从图腾崇拜的两个基本禁忌“禁止宰杀图腾”与“同一氏族不能通婚”的起源，结合图腾餐的分析，构建了“原始弑父”事件，并将之作为原罪的起点。依据弗洛伊德的分析，“原始弑父”事件是原始族民由于现实的困境以及乱伦欲望而产生的“弑父”行为，“弑父”之后，又由于对父亲的爱，产生了悔恨之情，表现为罪恶感。图腾崇拜的两个根本禁忌由此形成，而这两个禁忌正是针对个体心理中的俄狄浦斯情结“弑父娶母”的欲望。因此，弗洛伊德认为图腾宗教发端于基于孝心的罪恶感，并通过图腾崇拜这一仪式帮助原始族民缓解罪恶感。图腾宗教不仅包含了悔恨的表达和赎罪的企图，而且也是对战胜父亲的一种追忆，对胜利的满足导致了图腾餐这一纪念性节日的确立。图腾餐、圣餐、第一个摩西被犹太人杀害以及耶稣基督之死都可看作是“原始弑父”事件的再现，这一设想将俄狄浦斯情结作为宗教的起点。但我们似乎也有理由假设弗洛伊德是根据俄狄浦斯情结中“弑父娶母”的核心元素构想了“原始弑父”事件，以及将俄狄浦斯情结作为先验的真理来诠释原始社会中的图腾与禁忌现象。如本章第一节所述，弗洛伊德于1910年正式提出了俄狄浦斯情结这一理论概念，先于《图腾与禁忌》一书的写作，在时间上存在着连续性。可以看出弗洛伊德对宗教的论述存在很多明显的问题，正如以往研究者所指出的：心理化约论、循环论证、类比与历史等。[1] 但我们是否就可以轻易地全盘否定他的宗教研究价值？特别是他的理论已经进入了不同学科的讨论，并且他所建立的大量概念也已成为我们日常生活的一部分。因而，本小节试图从弗洛伊德有关俄狄浦斯情结中罪与罪疚感的研究中，探寻其研究价值和还需澄清的问题。

① 包尔丹.宗教的七种理论[M].陶飞亚，译.上海：上海古籍出版社，2005：95.

一、"弑父"神话的功能与作用

我们是否可以认为,假如弗洛伊德所构想的"原始弑父"事件是不存在的,俄狄浦斯情结作为宗教的起源便失去了支撑和意义?弗洛伊德的回应是:仅仅是那种针对父亲的敌视冲动,仅仅是那种杀父吞食的欲望幻想的存在,就足以导致形成图腾崇拜的两个禁忌。我们看到,这些愿望和幻想并不是事实的现实,而是心理的现实。或者说,弗洛伊德认为心理的现实能在个体内心起到一样的作用。在其《自传》(1925)中,他进一步表明,无论人们是否认为这一可能性是一个历史事件,它确实在父亲情结的范围内促成了宗教的形成,并且将其置于支配这一情结的既爱又恨的矛盾情绪的基础之上。[①]"弑父"事件并没有获得考古、历史的任何证据的支撑,弗洛伊德却坚持将其视为"真的必须发生"的前历史事件。齐泽克认为它是创伤性事件,是一旦我们身处文化秩序中,就"总已必须发生"的东西,即它是逻辑推论,并不是现实事件或心理事件。拉康对此的说法是——它是支撑符号界的实在界,抵制符号化而不为人知,符号界却围绕它而建构。[②]它是一种遗忘湮灭、抵制回忆的起源性罪恶,无人可以逃避。

尽管弗洛伊德期望他所构想的"原始弑父"事件是一件"太初有为"的史实,但他也自知缺少历史的支撑,而将其称为"历史的真理",学界也多将其看作"历史的神话"。神话又被认为是一种象征性的叙事,人类学家列维-斯特劳斯认为:神话的目的是提供

① 弗洛伊德.自传(1925)[M]//车文博.弗洛伊德文集(第12卷).北京:九州出版社,2014:230.

② 陈剑.法罪辩证及其超越:齐泽克论弗洛伊德的"三个神话"[J].内蒙古大学学报(哲学社会科学版),2016,48(1):55.

一套能克服矛盾的逻辑模式。[①] 神话代表着一种“时间的深度”，是原始人类的共同杰作，神话与原始宗教两者如影随形，其价值在于它的永恒性。弗洛伊德借用“俄狄浦斯神话”来命名个体心理中对父母的矛盾情感，由于俄狄浦斯神话的广为流传，俄狄浦斯情结很快进入学术、大众的视野，但也引起了误解。俄狄浦斯情结并不单指“每个人都潜藏着杀父娶母的欲望”，也并不是召唤人类重蹈“俄狄浦斯”的悲剧。

弗洛伊德在俄狄浦斯情结基础上，进入宗教学领域，构建了三次“弑父”事件。但弗洛伊德构建的“原始弑父”神话与俄狄浦斯神话却有着本质上的差异，其最初目的也并不是摧毁犹太—基督宗教的传统，创建新的宗教理论。在俄狄浦斯神话中，俄狄浦斯通过杀死父亲，娶了母亲，最终实现了所有男孩内心的欲望，但这一欲望的实现却是俄狄浦斯真正的悲剧。而在“弑父”神话中，原始的兄弟们“弑父”行动的结果却是抑制了“娶母”的欲望，通过父亲的复归，形成了禁忌，以父亲的名义将欲望禁止，从而实现了文明。这种抑制是通过原始族民对原始父亲的认同作用，建立了超我，产生罪疚感，从而避免了“弑父”行为的重复发生。超我是将规则、律法内化到个体内心的结果，它在个体内心提出禁止的命令。因此，在个体心理中，弗洛伊德将超我称作俄狄浦斯情结的继承者。

正如拉康在关于“上帝之死”的研讨中的话语：对父亲的谋杀不仅没有打开通向享乐的道路，这种享乐是在父亲尚在时被禁止的东西，而且，事实上，对父亲的谋杀反而加强了这种禁止。“弑父”神话不仅解决了精神分析理论中超我的起源的难题，而且发现了父亲功能的真相——对欲望的禁止。如本章第三节所述，在个

---

① 赵艳.关于神话与原始宗教信仰的学术反思[J].青海社会科学，2017(3)：150.

体心理中，弗洛伊德在提出"结构模型"时，认为超我(自我理想)的获得是从外部介入的，并且不是直接来自父母，而是来自父母超我。超我的起源是弗洛伊德的结构模型必须要回答的问题。正是欲望与欲望的禁止两股力量的冲突，才构成俄狄浦斯情结的完整含义。另外，在种系发生方向上，原始父亲是上帝最初的形象。"弑父"神话无论是在精神分析理论中，还是在对宗教的理解和阐释中都具有举足轻重的位置。这才是弗洛伊德构建"弑父"神话的真相。

我们需要特别指出的是，神话是原始人类共同的杰作，并世代流传。"弑父"神话来自弗洛伊德，并没有如俄狄浦斯神话般广泛流传。我们只能将之看作弗洛伊德的"个人神话"。有研究者认为弗洛伊德的作为原罪的"弑父"神话，其实是对《圣经》神话中手足相残的原罪的替代。但《圣经》中的神话比弗洛伊德的神话更加具有内在一致性，也更加贴近人类现实的生存状况。[①]

二、拉马克主义：罪疚感与罪责的代际传承

弗洛伊德的罪疚感与犹太—基督教传统的罪责同样面临的一个问题是：当代的个体如何感受到来自远古事件的罪疚感与罪责呢？即罪疚感是如何一代一代传下来的。犹太—基督教传统有拉丁教父德尔图良(Tertullianus)的"罪随着灵魂的降生而代代相传"以及著名的奥古斯汀的遗传说。但从字面意义上解释《创世记》第三章，以及将之理解为历史的做法已经随着现代世界观和宇宙论的流行而日趋没落，罪的遗传性缺少经典的证据，也缺少具体的证明，且有结果证明原因之嫌。利科认为，从逻辑顺序上讲，不是

① Novak, D. On Freud's theory of law and religion. *International Journal Of Law And Psychiatry*, 2016(48), 26.

亚当的沦落造成了人类的普遍罪性，而是人类的普遍罪性必须归罪于亚当这个人物。"亚当"神话不是犹太—基督教大厦的拱顶石；它只是一座飞拱，架在犹太人忏悔心灵尖顶交叉上。①

当今的基督教神学对罪的阐释更加关注人类的生存困境。如克尔凯郭尔认为，亚当并没有带给人们原罪，而是给人们带来了焦虑、灵性与知善知恶的能力。尼布尔则认为，基督教从来不单纯在生物学的意义上说明罪和人性问题，人的本根在乎自由，而罪即因自由而生。所以，人不能将罪归于其本体上的缺陷，只能认为罪是自己的矛盾，罪虽因自由而可能，却不必从自由而来。② 当20世纪基督教神学家关注人类的生存困境时，作为心理治疗理论鼻祖的弗洛伊德却回到原初，构建了人类的"弑父"神话来理解人类内心的罪疚感，并认为这个罪疚感在"弑父"事件后代代相传。他在《图腾与禁忌》(1913)一书中强调，他进行社会心理论述的全部立场的基础是"集体意识"的存在，即心理过程中有些部分是代代相传的。但是代际相传的方式和路径是什么？这对弗洛伊德来说，是难以回答的。直到在《摩西与一神教》(1939)中，弗洛伊德再次提及心理内容的代际传递问题。他认为潜意识的内容，是集体的，是人类普遍具有的。原始时代的精神沉淀成为一种遗传物，每一代新人诞生，都只需重新唤醒它，而不是诞生之后才获得。弗洛伊德因为与荣格的决裂，避免提及"集体潜意识"的概念。但我们不可避免地会将之与荣格的"集体潜意识"概念相比较，并看到其中具有相似之处。荣格将集体潜意识定义为是心灵的一部分，集体潜意识的内容从来就没有出现在意识之中，它们的存在完全得自遗传。个人潜意识主要是由各种情结构成，集体潜意识的内容主要是"原型"。

此外，弗洛伊德在《精神分析纲要》(1940)一文中提及，本我

① 利科.恶的象征[M].公车，译.上海：上海人民出版社，2005：254.
② 尼布尔.人的本性与命运[M].汤清，译.北京：宗教文化出版社，2011：12.

和超我有着基本差异,但有一个共同特点:两者都体现着过去的影响——本我体现着遗传的影响,超我基本上体现着所承继的前人的影响。[①] 可以理解为,本我受生物学遗传的影响,而超我受心理、文化内容的代际传递的影响。弗洛伊德认为心理的遗传的另一个证据源于梦的内容。在对梦的解析中发现,有些梦的内容,既不源于梦者的童年生活,又不源于梦者的成年生活。弗洛伊德将之看作是原始的遗产,是与生俱来的,先于任何个人的经验,受祖先经验的影响。并且,在最早的人类神话和残存的习俗中,会发现这一种系发生的材料的原型。[②] 因此,梦成了不容忽视的人类史前的原始资料。

研究者一般认为,弗洛伊德的这一观点受当时拉马克的获得性遗传观的影响。获得性遗传指亲代在有生之年获得的性状传递给后代的现象。生物学史家伯卡哈特(R. W. Burkhardt)指出,对拉马克自己以及当时的学者来说,获得性遗传并不是拉马克的标签。[③] 换言之,在当时由于环境变化而习得的新性状通过生殖保留和扩散,是不需要去解释的。但随着生物学的研究进展,人们关注用科学技术开启人类基因秘密的研究,拉马克主义被批评并淡出了人们的视野。弗洛伊德的心理遗传论也因此受到了否定。但近年来,表观遗传学的发展异常迅猛,相关的哲学讨论也成为当下的一个热点。其中亚布隆卡(E. Jablonka)和兰姆(M. Lamb)认为拉马克主义或获得性遗传通过表观遗传复兴了。这使表观遗传的研究扩展到了生物行为,甚至文化等领域。[④] 遗传学本身,得益于

---

① 此文是弗洛伊德在1938年完成的,于1940年以德英两种文字发表。

② 弗洛伊德.精神分析纲要[M]//车文博.弗洛伊德文集(第8卷).北京:九州出版社,2014:300.

③ Burkhardt, R. W. Jr. (2013), "Lamarck, Evolution, and the Inheritance of Acquired Characters," *Genetics*, 194: 793.

④ 陆俏颖.获得性遗传有望卷土重来吗[J].自然辩证法通讯,2017,39(6):35.

分子层面的机制研究和行为文化的表观效应两方面的研究，已向微观和宏观双向扩展。生物科学技术的发展，使得弗洛伊德关于罪疚感的遗传说得到了间接的证明，但并没有证据支持从“原始弑父”事件到罪疚感之间的继承关系。

弗洛伊德当时提出“弑父”事件以及罪疚感的遗传说，一方面是理论完整的需要，另一方面是基于当时的社会文化观的影响以及他在精神分析工作中对一些精神现象的建构性理解。但或许我们可以离开科学实证论的思路，从社会文化领域中，“神话”的功能以及“心理现实”这一视角来看待弗洛伊德的“弑父”神话及其罪疚感的传承问题，去理解而不是证实或证伪它。或许“弑父”神话真实与否并不是最需要去探究的，它提供的是一种生存分析上的功能。此外，“神话”的讨论，回避了“弑父”事件是不是历史事实的讨论，进入了功能论的范畴，关注的不再是历史事实而是其作用。即使如此，我们也看到了弗洛伊德的“弑父”神话是建立在理论的构想之上，并没有得到任何史实的证明。由此，其进行的一系列的论证和猜想，只能在理论的逻辑上进行自圆其说。这也是弗洛伊德“弑父”神话最核心的缺陷。

三、重演律：个体发生与种系发生

弗洛伊德在宗教研究中饱受批评的是他将人类心理发育的个体发生与种系发生相类比。但这并不是弗洛伊德的首创。19 世纪，德国生物学家海克尔提出了著名的重演律(law of recapitulation)，又称作生物发生律(biogenetic law)，即“个体发生重演种系发生”。虽然重演律自问世以来就饱受争议，但对当时的心理学研究产生了重大影响。与弗洛伊德同时代的美国心理学之父霍尔(S. Hall)也将“重演律”运用到儿童发展阶段上，提出童年期重演了人类种系发展历史的观点。他假定人类经历过的种种文明阶段是按下列顺序复演的：动物阶段，反映在儿童的攀爬活动和摇摆活动上；野蛮阶段，反映在儿童的追逐打闹、捉迷藏等活动上；游牧阶段，反映在儿童饲养小动物的活动上；农业或家族阶段，反映在儿童玩玩具、挖沙子等活动上；部落阶段，反映在儿童以队为单位的竞赛上。[①] 不仅是霍尔，莫梭斯(Morss)认为20世纪前50年中，包括普莱尔 (W. Preyer)、格赛尔(A. Gesell)、维果茨基(L. Vygotsky)、皮亚杰(Jean Piaget)以及维纳(H. Werner)等心理学家的思想都受到了重演思想的影响。

弗洛伊德与这些心理学家不同的是，他的个体发生是指儿童的心理性欲发展阶段，种系发生则是人类宇宙观的进化。个体发生与种系发生存在着一一对应的关系，弗洛伊德结合了弗雷泽、泰勒的观点，对人类宇宙观进行了分类。总体上，泛灵论阶段对应自恋阶段；宗教阶段对应对象选择；科学阶段则对应人格发育成熟，将欲望转向家庭外部对象的阶段。[②] 个体心理性欲的发展过程也可看作力比多(libido)向不同方向的投注过程。自恋阶段是指在儿童出生后，力比多向自身投注的阶段，在这个阶段力比多由一开始的本能成分的独立运作转向对主体自身中自我(ego)的投注。这里的自恋与日常生活中所使用的自恋不同，是指个体像对待性对象一样对待自体。在泛灵论阶段，原始人显示出的最典型的心理特征是"思想万能"，用支配心灵生活的法则来支配实在物以满足自身的愿望。对象选择阶段，即俄狄浦斯期，个体将力比多投注到异性父母身上，这也是弗洛伊德宗教研究的重点。弗洛伊德将人神关系化约为父子关系，而且是个体心理中潜意识内容的体现。

① 杨宁.再论进化、发展和儿童早期教育[J].学前教育研究，2010(1)：5.

② 泰勒提出了泛灵论是人类经历的第一个思想发展阶段；弗雷泽的三阶段是：巫术阶段、宗教阶段和科学阶段。

他关于“原始父亲是上帝的最初形象”“俄狄浦斯情结是宗教的起源”等的论述都是基于这一类比的。在个体发生方向上，能顺利地度过俄狄浦斯期，放弃对父母的矛盾情感，则是个体成熟的标志。科学阶段即俄狄浦斯期之后，人类放弃对父母的本能冲动，将兴趣转向外部世界，通过升华和理性来生活。科学阶段则是弗洛伊德向往的时期，他认为人类发展的方向是科学宇宙观必将代替宗教宇宙观，宗教宇宙观基于情感，科学宇宙观则基于理性。弗洛伊德的宗教研究的观点、立场受他所处时代生物科学、人文科学的影响，如拉马克主义、重演律、宗教发展阶段等。正如重演律被认为过于粗糙，将个体发育与种系发育的关系过于简单化，弗洛伊德的个体发生与种系发生的类比也存在同样显而易见的缺陷。

在宗教研究方面，弗洛伊德基于精神分析这一特殊的理论，得出了与他同时代的研究者大相径庭的观点和结论。但精神分析与宗教之间是不可调和的对立关系吗？随着精神分析后期的理论发展，精神分析与宗教之间的关系显现出复杂性。精神分析理论在整个人类知识领域中的定位也一直存在不同的意见。因此，下一章将着重讨论，自诩为科学宇宙观一部分的精神分析，如何看待宗教的作用，以及精神分析究竟隶属哪一个学科领域。

第五章
弗洛伊德的宗教功能论：科学终将替代宗教

懂得观看之道，直面不快的现实。

——约翰·拉斯金

弗洛伊德一生笔耕不辍，著作等身。除了精神病学、精神分析的一般理论之外，还涉及宗教、文学、艺术等领域。罗伯特·霍尔特(Robert Holt)将弗洛伊德的著作分为三部分：第一部分是精神分析的一般理论，包括《科学心理学纲要》(1895)、《论元心理学》(1915)等。弗洛伊德曾经有过建立"元心理学"(meta-psychology)的计划，最终还是放弃了。第二部分是与文化相关的著作，其宗教相关著作《图腾与禁忌》《摩西与一神教》等属于这一类别。第三部分是精神分析的临床理论及精神病理学，对性心理的发展和性格形成的解释，是弗洛伊德从症状出发构建的一系列心理性欲理论、人格结构理论等，包含着他对精神病理的理解。[①] 这三种不同类型的理论著述实际上是紧密相关的，特别是弗洛伊德与宗教研究有关的第二部分，依赖的是他从临床工作中构建的理论，即第三部分内容，且受到其第一部分著作的影响，他宣称精神分析属于科学领域，而宗教基于情感，科学终将取代宗教。总体上，

① 科恩.科学中的革命[M].鲁旭东，赵培杰，译.北京：商务印书馆，2017：517.

弗洛伊德对宗教持否定、批判的立场，但即使如此，从精神分析的视角来看，宗教的存在对人类的意义和功用体现在哪里？若宗教终将成为历史，人类用什么来代替宗教的功能和作用呢？弗洛伊德对此的解决办法是什么？弗洛伊德认为精神分析理论是像"微积分"一样中立的科学方法，学界如何看待精神分析理论在整个人类知识领域中的位置呢？它是科学的还是诠释学的？这些是本章意欲处理的问题，也把我们引领到弗洛伊德宗教观的最重要关节。

第一节　弗洛伊德对宗教功能的评判

弗洛伊德进入宗教研究的一个出发点是：既然宗教是不合乎理性的，宗教为什么能在人类历史上存在如此之久？他的研究结论是：宗教和人的心理需要、愿望有关。正如本书的研究显示，弗洛伊德认为在个体发生方向上，个体的内心既有俄狄浦斯期时对父亲的敌意与害怕，同时又有对父亲的爱与需要。个体为了缓解无助感，满足内心的安全感，通过对父亲的理想化，形成了对上帝的爱和为上帝所爱的意识，用以抵御来自外部世界和人类环境的危险；在种系发生方向上，原始族民由于现实的困境以及乱伦欲望引发了"原始弑父"事件，俄狄浦斯情结因而成为图腾崇拜的起源，图腾餐、圣餐、第一个摩西被犹太人杀害以及耶稣基督之死都可看作是"原始弑父"事件的再现。因此，他最终的结论是：俄狄浦斯情结是宗教的起源。受当时生物学领域重演律的影响，弗洛伊德认为人类的个体发生与种系发生存在着一一对应关系。宗教阶段对应的是个体的对象选择期,即俄狄浦斯期。因而,宗教是人类种系发展的必经阶段,但终将被科学阶段所取代,正如人类个体心理发育终将度过俄狄浦斯期一样。在此基础上,弗洛伊德提出了他对宗教功能的理解。

一、宗教的三种功能

弗洛伊德集中阐述宗教功能的文章收录在《精神分析新论》(1933)第35讲关于宇宙观问题的演讲文中。在这一演讲中,弗洛伊德将精神分析作为科学的一部分,并重申了其在《一个幻觉的未来》(1927)中的观点——艺术、宗教和哲学体系创造的内容体现了人类愿望的满足,但艺术并不企图侵占现实王国,哲学与科学也并不对立,唯有宗教至今还在与科学分庭抗礼。他认为在较早的时期,或者说还没有科学这一说法的时期,宗教在人类生活中扮演着科学的角色,构建了一种具有无可比拟的连贯性和自足性的宇宙观,宗教是人类在某一时期的必需品。

弗洛伊德认为宗教对人类来说具有三种功能:第一种功能是教导,通过为人类提供关于宇宙的起源及其形成的资料,满足了人类对知识的渴求。在这一点上,宗教用自己的方法去做科学打算做的事情。第二种功能是安慰,它向人们保证,在人生沉浮中给予人们保护和最终的幸福,消除人们对生活的险恶和沧桑的恐惧,保证人们将获得幸福的结局,并在不幸之中给予安慰。第三种功能是道德要求,制定禁忌和限制。它运用其全部权威所制定的戒律来指导人们的思想与行动。在以上三种功能中,教导的功能,由于科学技术的发展,宗教已无法与科学抗衡,大家也不再认为《圣经》所讲述的是历史的史实,而多从神话、隐喻的角度去理解。但是,宗教的安慰功能却是科学无法与之匹敌的,纵然科学能够教人类去避免某些危险，但在很多情况下，科学却只能任由人们遭受困难，并且屈服苦难。第三种功能——道德要求，制定禁忌和限制，体现了宗教与科学之间最大的区别。尽管科学也从其应用中产生了指导人们生活的规则和告诫，但更热衷调查研究和证实事实。在某些情况下，科学的规则和告诫与宗教所提供的一样，但理由却是不同的。

二、宗教功能的心理分析——浓缩的家庭结构

弗洛伊德总结宗教的功能有：教导、安慰、道德要求，这三种功能之间的关系是怎样的？提供保护和幸福的保证与道德要求为何紧密地结合在一起。弗洛伊德粗浅的解释是：道德要求是对满足这些需要的报答；只有那些遵守道德要求的人才可能指望得到好处，而惩罚则等待着违反道德要求的人。[①] 但这样表面的联系并没有深层解释这三种功能背后的系统的联系——教导、安慰和道德要求究竟是如何紧密结合在一起的？从精神分析的视角如何理解这三种功能的结合呢？在此，我们又必须回到弗洛伊德的种系发生学与个体发生学。因阐述的需要，弗洛伊德种系发生学与个体发生学在本书的第三章及第四章均有所涉及，只是关注的重点不一样，在此不再赘述。

弗洛伊德在1933年对宗教功能的解析，并没有超越其前期对宗教的理解。正如本书第三章原始父亲——上帝的最初形象中所阐明的，弗洛伊德通过“原始弑父”事件，将人神关系转换成父子关系，关系的核心是俄狄浦斯情结，弗洛伊德从未言说上帝，他所说的只是“上帝与人的上帝”。在对宗教的三种功能如何结合起

① 弗洛伊德.精神分析新论第35讲(1933)[M]//车文博.弗洛伊德文集(第8卷).北京：九州出版社，2014：145.

来的理解中，弗洛伊德所依据的正是将人神关系对应家庭中父母与子女的关系。他分析的起点源于宗教关于宇宙起源的教导，在《圣经》中，宇宙是由一个类似于人的存在物创造的，这个创造者通常被称呼为“父亲”。他将此与个体的生活经验联系起来，认为宗教信仰者描绘宇宙的诞生，就像描绘自己的起源一样。[①] 这样的联系，对于解释安慰性的保证和严格的道德要求是如何与宇宙起源论结合起来就显得顺理成章。弗洛伊德的公式是上帝等于理想化的父亲（更确切地说，由父亲和母亲结合起来的父母亲机构）。在儿童期，当儿童感到弱小和无助的时候，是父母亲为其提供保护和监护；同时，也是父母教导儿童应该和不应该做什么，并通过爱的奖惩体系，教育儿童认识到自身的社会职责。而弗洛伊德认为所有的这些关系都被原封不动地引入宗教，即在宗教中，借助这种相同的奖惩体系，上帝统治着人的世界，分配给个人保护及幸福的数量取决于个体满足道德需要的情形。

从弗洛伊德将宗教信仰与个体所处的家庭关系类比的分析中，可以看出弗洛伊德对自己所提出的宗教的三种功能本身是持批判态度的。他试图证明宗教起源于儿童的无助，体现的是成人的愿望和需要中的童年残迹。第一种，教导功能。在弗洛伊德所处的年代，宗教所提供的关于宇宙起源的解释，已经受到当时科学所提供的知识的质疑。第二种，安慰功能。弗洛伊德认为宗教向人们承诺，只要他们能遵守某些道德要求，就向他们提供保护和幸福，这种表态是不值得信赖的。第三种，道德要求功能。宗教赋予宇宙统治的奖惩体系并不存在，“善有善报，恶有恶报”不是规律。弗洛伊德认为精神分析对宗教提出的批评，并不是否定宗教，而只是认识宗教的一种必要的方式。

---

① 弗洛伊德.精神分析新论第 35 讲(1933)[M]//车文博.弗洛伊德文集(第 8 卷).北京：九州出版社，2014：146.

弗洛伊德对宗教功能的心理分析中存在着显而易见的问题。首先，他的出发点是精神分析属于科学，而且是自然科学。因此，精神分析对宗教的批评是科学对宗教宇宙观的评价。精神分析是否属于科学，属于哪种类型的科学，一直是存疑的。其次，弗洛伊德将人与宗教的关系化约为家庭关系。德勒兹在对精神分析的批评中提到精神分析的理论和实践把家庭置于根本的位置上，从家庭的视角来解释世界、透视社会现象，是一种典型的家庭主义。精神分析将一切社会关系都还原和简化为家庭中的父子或母子关系，即"爸爸—妈妈—孩子的三角结构"①。精神分析采取还原主义的思路，把一切社会现象简化为家庭现象（即俄狄浦斯），从而否定了宗教现象的实在性。

三、宗教功能的心理背景——本能之间的冲突及其与文明的矛盾

弗洛伊德集中阐释宗教功能的内容收录在《精神分析新论》（1933）中，由一篇面向公众的演讲整理而成，论证显得仓促、不系统，存在很多显而易见的问题。教导、安慰、道德要求三种功能，并不仅仅存在于宗教之中，还可以从其他途径获取，如科学、艺术、法律等，但为何唯独宗教能够引起人们强烈的依附、认同以及情感投入？弗洛伊德在 1927 年出版的《一个幻觉的未来》一书中对宗教的作用以及宗教观念产生的背景进行了系统阐释，着重回答了人类为什么离不开宗教；在 1930 年出版的《文明及其缺憾》一书中将宗教作为一种文化因素来进一步回答"人类本能与文明"之间的对立问题。同时，本书发现弗洛伊德在其理论晚期提

---

① 崔增宝.精神分析理论的三个偏颇：德勒兹的一种批判性分析[J].学术交流，2017（8）：56.

出的攻击本能，让宗教作为协调文明与本能的矛盾的文化因素有了新的内涵。

弗洛伊德经历了第一次世界大战，他的犹太身份也让他在维也纳的求学、生存以及精神分析的发展受到阻碍，这让他充分感受到了来自外界的敌意，多种因素促使他在理论晚期提出攻击本能这一概念。以往并没有获得重视的是，攻击本能是弗洛伊德写《一个幻觉的未来》观点的基础，也是他提出的宗教调和人类本能和文明要求的功能的理论基础。弗洛伊德认为人们必须重视一个事实：目前每个人身上都有一些破坏性倾向，也就是反社会和反文化的倾向，在相当多的人身上，这些倾向是十分强大的，足以决定他们在人类社会中的行为。[①] 攻击、破坏性和性欲一样，是人与生俱来的本能之一。1932 年 9 月，在就战争问题答复爱因斯坦的一封信中，弗洛伊德认为战争是不可避免的，因为战争是人类攻击性本能的外部表现形式之一，排除人的攻击性倾向是徒劳的。[②] 同时，弗洛伊德提出凡是能促进文明发展的事物都同时可用来反对战争。而文明，在弗洛伊德看来，实质在于为了获得财富而控制自然，以及调节人与人之间的相互关系，特别是调节那些可资利用的财富分配所必需的各种规章制度。但这样势必要对个体的欲望加以控制，与人类的本能（爱欲和攻击本能）发生冲突。文明与本能处于二律背反之中，文明既对人类有益，又是对人性的压抑。因而，在这样的推论之下，我们很容易得出：人类对文明的敌意是不可避免的，人们之间的冲突是由文明所要求的本能克制引起的，但文明又是必须的。

---

① 弗洛伊德.一个幻觉的未来（1927）[M]//车文博.弗洛伊德文集（第 12 卷）.北京：九州出版社，2014：7.

② 弗洛伊德.为什么会有战争（1932）[M]//车文博.弗洛伊德文集（第 12 卷）.北京：九州出版社，2014：166.

以往研究多看到弗洛伊德强调文明与人类本能的压抑之间的冲突。但弗洛伊德同时认为在人类的爱欲本能和攻击本能之间，本身就存在着对抗。爱欲和攻击本能之间的斗争是组成一切生命的基本的东西，因此，文明的进程可以简单地描述为人类为生存而作的斗争。文明是一个服务于爱欲的过程，爱欲的目的是先把每一个人，再把每一个家庭，然后再把每一个部落、种族和国家都结合成一个统一体，一个人类的统一体。这就是爱欲的工作。但是人类的自然的攻击本能，个人对全体的敌意和全体对个人的敌意，都反对这个文明的计划。[①] 若这一结论是成立的，人类在获取幸福的道路上，注定是异常艰难的。人类不仅要面对与自然的冲突，人与人之间的矛盾，还要协调好个体内部的斗争和冲突。因此，人类必须要依靠某些东西来缓解个体内部的冲突以及文明与个体的本能需求之间的张力。弗洛伊德认为艺术是其中之一，艺术将个体和他/她为文明而做出的牺牲调和起来，并且艺术创造也使人获得了自恋的满足。和艺术相比，宗教将更加重要，因为宗教观念满足了人类的一些最古老、最强烈和最迫切愿望，而这些愿望是在现实生活中很难获得的。比如，人类在自然面前的孱弱无助，产生了寻求保护的需要（童年期的保护是由父亲提供的），神圣的上帝所实施的仁慈的统治会减轻我们对生活中各种危难的恐惧；道德世界秩序的建立会保证正义要求的满足；宗教也满足了人类的好奇心，如希望知道宇宙是怎样出现的。[②] 以上也就是前文提到的宗教的教导、安慰、道德要求三种功能。

宗教满足了人内心最强烈的需要，同时也满足了文明对人类

---

① 弗洛伊德.文明及其缺憾（1930）[M]//车文博.弗洛伊德文集（第12卷）.北京：九州出版社，2014：127.

② 弗洛伊德.一个幻觉的未来（1927）[M]//车文博.弗洛伊德文集（第12卷）.北京：九州出版社，2014：33.

的要求，特别是在道德要求方面。弗洛伊德认为宗教能够缓解文明与个体攻击性的张力，可以从基督教“爱邻犹如爱己”训诫中窥见一斑。弗洛伊德认为这个训诫是对人类攻击性的最强烈的防御。[①] 弗洛伊德从这一教义中所看到的恰恰是人的根深蒂固的攻击性本能，以及宗教对攻击性本能的压制。宗教通过满足人类的愿望，让人类原本困苦的生活变得可以忍受。在这个意义上，宗教为压抑反社会的本能做出了巨大贡献。但弗洛伊德认为宗教具有的这些功能是虚幻的，因为当愿望成为一种信念的重要动机时，这样的信念可称为一种幻觉。这就是弗洛伊德所说的宗教观念是幻觉的由来。这里的幻觉并不等于妄想，也不是完全的虚幻，而是愿望太过强烈，远离了和现实的联系。

在弗洛伊德看来，宗教、哲学、艺术、理想都是为了缓解人类与文明之间的紧张关系而产生的宝贵的心理财富，构成了人类文明的重要组成部分。但弗洛伊德认为，即使如此，我们也应当离开这样的安慰剂，而是让人们懂得，一个人除了依靠自己的努力之外别无他法。一方面，弗洛伊德认为自从诺亚洪水以来，人们的科学知识就使他们获益匪浅，而且科学知识仍将继续发挥其作用。另一方面，对于人类所不可抗拒的命运的极大需要，人们将学会用服从来加以承受。最终，通过放弃对其他世界的期待，通过把解放出来的一切能量全都集中到尘世生活中[②]，人们就能成功地达到这种状态：在这种状态下生活对每个人来说都是可以忍受的，文明社会不再压迫任何人。人类能否做到这一点？弗洛伊德对此的解决办法是什么？他的办法有效吗？

---

① 弗洛伊德.文明及其缺憾(1930)[M]//车文博.弗洛伊德文集(第12卷).北京：九州出版社，2014：148.

② 弗洛伊德.一个幻觉的未来(1927)[M]//车文博.弗洛伊德文集(第12卷).北京：九州出版社，2014：55.

第二节　弗洛伊德论宗教功能的替代

当弗洛伊德认为宗教是一种幻象时，那什么才是真实，让人可以真正地获得幸福呢？假如宗教并不令人满意，也并不能解决最终的问题，那弗洛伊德的答案和方法是什么呢？

一、理性

弗洛伊德在《精神分析新论》(1933)中提到，我们对将来最好的希望是：理智——科学精神，理性——能够逐渐建立起在人类心理生活中的主宰地位。理性的本质是一种保证，保证它以后不会忘记给予人类情感冲动以及基于其所决定的东西应有的地位。① 令人惊讶的是，弗洛伊德认为人类受制于非理性的欲望和本能，但他却相信理性才是解决人类终极问题的钥匙。

通常，弗洛伊德的精神分析，被认为是一种非理性主义理论，以至于让学界误认为弗洛伊德崇尚非理性。众所周知，在西方哲学史上，占统治地位并一直延续至近代的思维方式及世界观是理性及其世界观。在古希腊时代，理性是宇宙运行的逻各斯，是道，是世界之法则。尼采认为，自苏格拉底以来就开始了西方理性主义的传统，寻求世界的逻各斯是哲学的中心任务。② 到德国古典

① 弗洛伊德.精神分析新论第35讲(1933)[M]//车文博.弗洛伊德文集(第8卷).北京：九州出版社，2014：154.
② 白新欢.弗洛伊德无意识理论的哲学阐释[D].上海：复旦大学，2004：74.

哲学以后，叔本华、尼采的非理性主义兴起，现实的荒谬与非理性使他们坚定地提出了与理性主义相对立的理论。弗洛伊德与尼采、叔本华的著作也产生过交集，他在《自传》中曾提及，精神分析与叔本华思想有很大程度的偶合，叔本华不仅宣称情绪的支配作用和性欲的极端重要性，甚至也意识到了压抑机制；①另一位哲学家尼采，他的一些猜测和直觉，常常惊人地与精神分析艰苦研究的成果相符合。但弗洛伊德不认为自己是受了两位哲学家的影响，假如两者有所交叠，那主要是因为"英雄所见略同"。

从弗洛伊德精神分析理论的产生及发展过程来看，弗洛伊德虽然发现了潜意识理论，潜意识中的非理性因素，但他采取的是一种理性主义的方式。因为弗洛伊德在精神分析理论建构过程中所使用的立场是理性的立场、方法；思考过程都遵循了理性思维的要求。无论是在临床治疗，还是释梦、人格结构理论建构中，都可以看到其追求真相的理性主义的一面。弗洛姆就认为，弗洛伊德是一位理性主义者，他发现和认识潜意识是因为他要控制和征服潜意识。② 弗洛伊德通过对潜意识理论的发现，认为非理性的驱动力能够提供人类生命和成就所必不可少的原始能量，所以不能够完全消除它们，因为理性能够控制这些潜在的摧毁力量。

值得重视的是，弗洛伊德提倡理性的影响因素中，除了他本人的理性主义立场，另一个重要因素来自他在个体心理治疗中的发现。他曾多次将宗教类比为集体的神经症，因此，他认为正如在个体的分析治疗中用智力的理性操作来取代压抑，从而缓解症状一样，也可以通过理性来解除个体对宗教的依赖。他认为，我们没有其他手段来控制我们本能的本性，只有我们的理性能够为之。所

---

① 弗洛伊德.自传（1925）[M]//车文博.弗洛伊德文集（第12卷）.北京：九州出版社，2014：222.

② 弗洛姆.弗洛伊德的使命[M].尚新建，译.北京：生活·读书·新知三联书店，1986：62.

以在弗洛伊德这里，理性，而非宗教，是通向自由之路。但他忽视了这个论点的前提：个体神经症与集体神经症的相似是在类比的基础之上得出的，并且宗教作为一种集体神经症的结论本身也是存在争议的。此外，个体神经症的缓解是否仅由智力的理性操作来完成也是仁者见仁之事。比如，荣格，推崇潜意识中的非理性因素，他认为潜意识中神秘的部分也蕴含着治愈的力量。由此看来，理性可以治好作为"集体神经症"的宗教也只是弗洛伊德的一个强烈的愿望而已。

二、科学

弗洛伊德从未界定过他所说的科学、宗教作为一种概念的内涵，只是根据个人的理解而使用它们。弗洛伊德从他所处的时代的科学宇宙观出发，将宗教放置在科学的对立面展开他对宗教功能的论述，曾提出科学终将取代宗教，并强调科学与宗教之间的斗争和冲突。

需要特别指出的是弗洛伊德对待宗教和科学的关系，是处于变化之中的。人们所熟知的弗洛伊德关于"科学将取代宗教"的观点，源自他在1913年出版的《图腾与禁忌》一书。当时，他受到泰勒、弗雷泽思想的影响，认为个体发生与种系发生存在着一一对应的关系：泛灵论阶段对应自恋阶段；宗教阶段对应对象选择；科学阶段对应人格发育成熟。正如个体的发育将逐步离开家庭走向社会一样，人类的发展也将从宗教走向科学阶段。可以说，弗洛伊德用精神分析的理论为弗雷泽的种系发展三阶段理论增添了注释。但在后期弗洛伊德讨论科学与宗教关系时，并没有强调这一发展阶段。到1933年，弗洛伊德在论述科学与宗教的关系时，更多提到的是斗争。他认为："科学精神反对宗教宇宙观的斗争尚未结束，至今，这种斗争仍在我们面前进行着。”[①]此时，弗洛伊德更多强调的是科学与宗教宇宙观的差异，而不强调科学一定会取代宗教，但他依然希望科学能够代替宗教的功能。

1930年，写作《文明及其缺憾》时，弗洛伊德也提到，人类用其科学与技术发明了很多东西……凡是他的愿望所无法达到的东西，或者禁止的东西，人类都归因于神，这些神祇是人类文明的理想。现在人类已经非常接近实现这个理想，人类几乎使自己变成了一个神。在未来的时代，科学技术的进步将会使人类和上帝更加相似。但千万不要忘记，今天的人类虽然和上帝相似，但仍然并不幸福。[②] 在这段论述中，弗洛伊德没有像之前那样坚信科学能够给人类带来更多的幸福，或许是因为他发现，人们在自然科学及技术应用方面取得了非凡的进展，并且以前所未有的方式确立了人类对自然的控制，但这种对自然力量的征服并没有增加人类从生活中所能获得的快乐满足的数量，也没有使人类感到更幸福。

但令弗洛伊德意想不到的或许是，随着科学技术的发展，科学与宗教水火不容、势不两立的看法反而逐渐淡出，多数学者认为科学与宗教有着非常复杂的关系。在当代科学技术突飞猛进的时代，人们对科学的担心并不少于对宗教负面影响的担心。此外，心理学的科学化发展，科学实证主义的盛行，让心理学的发展逐渐偏离了人文主义的道路，以至于精神分析理论并不在当今主流的心理学之列。若弗洛伊德生活在当代，他或许不会是一名坚定的科学乐观主义者。

---

① 弗洛伊德.精神分析新论第35讲(1933)[M]//车文博.弗洛伊德文集(第8卷).北京：九州出版社，2014：152.

② 弗洛伊德.文明及其缺憾(1930)[M]//车文博.弗洛伊德文集(第12卷).北京：九州出版社，2014：98.

三、升华与超我

在弗洛伊德看来，理性与科学比宗教更加真实，是人类可以用来获取幸福的方式。人类尝试通过多种途径来获得幸福，通过化学方法比如酒精满足本能需求，通过瑜伽实践试图消除本能，通过宗教的教义等压抑本能。那么，是否只有通过满足、压抑、消除本能才能让人获得幸福？在人的心理结构内部是否有让人获得幸福的机制？

（一）升华

人想要获得幸福并保持幸福，一方面在于消灭痛苦和不适，另一方面在于获得强烈的快乐感受。在弗洛伊德看来，幸福，从最严格的意义上说，来自被抑制的高强度需要（突然）得到满足，但就其实质来说，这种幸福只能是一种暂时的现象。[①] 在人的心理结构中，快乐原则的程序决定了生活的目的，我们的幸福可能从一开始就被我们的构成限制住了。因而，弗洛伊德说，人应该是幸福的这个意图并不在上帝的创世计划中。精神分析的理论发现，对于本能，除了压抑、消除和满足之外，本能的升华，即如果一个人能充分提高他/她从心理和智力的工作资源中获得的快乐时，他也会感受到幸福。本能的升华作用是文明发展的一个特别显著的特点，使高级心理活动即科学的、艺术的和意识形态的活动能在文明的生活中起重要作用的东西。[②]

---

① 弗洛伊德.文明及其缺憾（1930）//车文博.弗洛伊德文集（第12卷）.北京：九州出版社，2014：83.

② 弗洛伊德.文明及其缺憾（1930）//车文博.弗洛伊德文集（第12卷）.北京：九州出版社，2014：103.

升华,是用以说明一些表面与性无关,但其原动力却来自性欲力量的人类活动。弗洛伊德所描述的升华活动,主要为艺术活动与智识探究。若力比多转而趋向与性无关的新目标,并针对受到社会价值重视的对象,则称之为升华的力比多能量。[1] 升华是力比多的移置,使本能的目的改变方向。弗洛伊德在著作中,试图从经济论与动力论的角度,借助升华的观念,说明某些由并未明显针对性目的的欲望所支持的活动类型,如艺术创作、智识探究以及一般受到社会高度评价的活动。弗洛伊德从力比多的转向,寻找这些行为的最终原动力:力比多提供给文化工作很多力量,正是由于力比多具有能够转移目的但本质上不失其强度的独特性。利用另一种不再属于性(攻击)、但精神上与性(攻击)有关的目的取代原本的性(攻击)目的,此种能力人们称为升华能力。升华所获得的快乐,是艺术家创作了令他/她满意的作品或科学家解决问题和发现真理时的感受。但弗洛伊德认为这种幸福只有少数人能感受到,多数人并不能体会这样的幸福感受。因此,本能的升华功能并不适用于每一个人。

通常,学界认为弗洛伊德并没有详尽讨论过升华,这也是精神分析思想的缺陷之一。比如,每个人将精力投入到普通的工作中,是否也属于升华?弗洛伊德将艺术创作看作升华的最佳途径,但他没有注意到,正是在文学作品和艺术作品中,人们往往可以强烈感觉到作者的情欲动机。拉康则认为升华的本质不是去性欲化,而是欲望的提纯,是某个对象上升成为难以企及的物。[2] 无论如何,对弗洛伊德而言,升华的本质在于将性冲动的力量转移到某个可以为社会认可的对象上,从而和文明的要求达成一致。这既能

---

① 拉普郎虚,彭大历斯.精神分析词录[M].沈志中,王文基,译.台北:行人出版社,2000:497、498.

② 马元龙.论升华:从弗洛伊德到拉康[J].中国人民大学学报,2012,26(6):86.

缓解本能冲动带来的压力，又符合文明的要求，只不过不是所有人都能做到这一点，而且仅适用于少数人。

（二）超我

弗洛伊德在其理论晚期提出了“攻击本能”，赋予攻击和性在驱动心理过程的基本本能能量根源上同等的地位。[①] 攻击本能对人类的文明成就是最有伤害性的，战争就是人类的敌意、攻击本能的一种表现形式。从个体心理构成的角度，如何约束人类的本能冲动呢？

弗洛伊德认为，在人的心理构成中，“超我”可以起到约束人的本能冲动的作用。“超我”是精神分析理论结构模型的一个部分，是弗洛伊德晚期提出的理论。结构模型认为自身的所有主要成分都在潜意识中，而重大的界限存在于自我、本我和超我之间。随着个体心理的发育，自我、超我都从本我中发展而来。本我包含着原始、无结构、冲动的能量；自我是调节功能的集合，保持着对本我冲动的控制。精神分析的目标是要把自我从本我的非理性中解放出来，真正成为理性和成熟的自我。而这一目标又离不开超我，超我是一套道德价值观和自我批评的态度，主要是围绕着内化的父母形象组织起来的，代表人类道德标准。[②] 正如孩子一度被迫要遵守父母的教导，自我顺从于超我的绝对命令。超我是心理上的结构，以良心的形式表现于外，它的作用是监视和判断自我的活动和意图，行使稽查员的功能。弗洛伊德在《自我与本我》一书中首次提出超我这一概念，它包括禁止和理想的功能。超我形成的

---

① 米切尔，布莱克. 弗洛伊德及其后继者[M]. 陈祉妍，黄峥，沈东郁，译.北京：商务印书馆，2007：34.

② 弗洛伊德.自传(1925)[M]//车文博.弗洛伊德文集(第12卷).北京：九州出版社，2014：222.

主因在于放弃爱恋与敌对的俄狄浦斯欲望,后期也会受社会、文化的要求(教育、宗教、道德)的影响。[①] 虽然,对于超我的形成期有不同的看法,如梅兰妮 · 克莱因(Melanie Klein)认为超我在前俄狄浦斯期已经开始起作用,但对于超我功能的看法是一致的,即超我迫使个体放弃本能的欲望,特别是俄狄浦斯欲望。因此,弗洛伊德曾说,超我是俄狄浦斯期的继承者。

超我与攻击本能如何联系在一起? 人的攻击性除了投向外部,还有可能投向内部,即转向自身。弗洛伊德认为攻击性被一部分自我所接受,并内化为超我的一个部分。由于超我的督察和禁止命令,超我和自我之间构造了一种紧张的气氛,个体会感受到"罪疚感",它作为一种惩罚的需要表现出来。[②] 弗洛伊德认为个体的攻击性通过超我,以良心的形式,使得攻击性本能得到了表达。一般而言,个体的攻击性表现于外,并对他人造成伤害时,文明会对个体有所惩罚。但超我是个体内部的一个结构,个体的攻击性即使没有表现于外,仅出现攻击性的念头时,也会被超我所觉知。这时,个体的良心就会对个体的攻击性起到约束作用。如第四章所述,弗洛伊德在《精神分析新论》中明确提出,个体超我(自我理想)的获得是以其父母的超我为模型的,而不是以其父母为模型。超我的内容都是相同的,它成为传统的价值判断的载体,这些传统的价值判断以超我的方式代代相传。[③] 超我即将规则、律法内化到个体内心的结果,它在个体内心提出禁止的命令,接受文明对个体的要求。文明通过在个体的内部建立一个机构来监视自

① 拉普朗虚,彭大历斯.精神分析词录[M]. 沈志中,王文基,译.台北: 行人出版社,2000: 505.

② 弗洛伊德.文明及其缺憾(1930)[M]//车文博.弗洛伊德文集(第 12 卷).北京: 九州出版社,2014: 129.

③ 弗洛伊德.精神分析新论第 31 讲(1933)[M]//车文博.弗洛伊德文集(第 8 卷).北京: 九州出版社,2014: 60.

我，从而控制个体十分危险的攻击性欲望。

在弗洛伊德看来，一方面人类要承受心理内部本能之间的冲突，包括爱与攻击之间的冲突，自我还要协调超我和本我的矛盾；另一方面，人类还要承受来自外界的威胁和要求，包括自然灾害、人与人之间的关系以及文明对人的本能的压抑。因此，人类的生活是非常难以忍受的，要想获得幸福也非常困难，从而人类才会需要各种安慰剂来让生活变得可以忍受，宗教是其中最重要的一种。但是，人类又必须要看清真相，不能依靠安慰剂来麻痹自己。最终，只有在认清真相的前提下，通过自身的理性，本能的升华，超我的功能，以及科学技术的发展来克服生活的艰难，才能获得点滴的幸福感受。

第三节　评价与小结

弗洛伊德虽然承认宗教的功能，但他认为这些功能是出于人内心的需要，并且是人类在特定的发展时期的内心需要，宗教所起到的作用是虚幻的。宗教功能论强调宗教的作用，这样必然会使人想到是否有其他的事物可以替代宗教的功能。弗洛伊德也不例外，他在其理论中期坚信科学可以代替宗教，到理论晚期态度上不再坚决，但他依然希望科学能够代替宗教。

对宗教功能的探讨，并不是弗洛伊德的首创。与弗洛伊德同时代的缪勒、马克思、涂尔干都被认为是功能论的代表人物。涂尔干认为宗教不仅使人感到社会实体的存在，更主要的是，它是将个人附属于社会的纽带，不断地创造并再创造着集体，因而也就维持了社会生活，使社会一体化。马克思的“宗教鸦片论”也是从功能的视角对宗教进行研究,但马克思认为宗教的功能不止如此。"宗教是这个世界的总的理论,是它的包罗万象的纲领,它的通俗逻辑,它的唯灵论的荣誉问题,它的热情,它的道德上的核准,它的庄严补充,它借以安慰和辩护的普遍根据。"①20 世纪 50 年代后,宗教社会学成为宗教功能论的主要研究力量,对于宗教功能的研究与弗洛伊德的宗教功能论有共同之处。贝拉(Robert Bellah)认为宗教有两大社会功能:一是提供一套终极价值,成为社会价值和道德的基础;二是缓解某些无可驾驭的人生挫折对个体的打击,从而使得这些不至于破坏社会基本价值。另一代表人物卢曼(Nikalas Luhmann)认为宗教不仅是整合社会的道德系统,以及为社会秩序进行辩护的一套意识形态,而且还是构成社会的基本要素,并在不同时期有着不同的表现形式和功能。② 贝格尔和卢克曼(Thomas Luckmann)则探讨宗教对于人类寻求意义的作用。他们认为世界本身就是一个行动者建构的过程,天生具有一种不稳定性,如何克服这个问题并解决人类对秩序和意义的追求,最有效的合理化工具就是宗教,宗教能够通过对无秩序现象提供的合理化解释来维系日常世界的稳定。由此看来,部分宗教功能论学者认为,对人类社会的发展来说,宗教有正面的、积极的意义。

宗教社会学家对宗教功能的研究更加强调宗教对人类群体的功能,而弗洛伊德则强调宗教对个体心理的作用。在宗教的具体功能方面,弗洛伊德与宗教社会学家的研究有相似之处,宗教通过解释、安慰、道德要求的功能,起到了对社会的凝聚、维系以及稳定的作用。弗洛伊德更早地认识到:宗教维系、稳定的作用是因为宗教作为文明的盟军,调和了文明对个体的本能欲望的压制,并满足了个体内心的需要。弗洛伊德虽然也承认宗教的正面功能,但

---

① 李申.宗教论[M].北京:中国社会科学出版社,2006:23.
② 李峰.20 世纪 60 年代后西方宗教社会学理论研究取向[J].求索,2005(9):48、49.

他却从精神分析理论出发，试图去拆解这些功能。他从宗教功能中看到的是个体内心的需求与愿望，这些愿望包括求知的欲望、寻求安全的欲望，当然也包括人类本能的需求：爱与攻击。他认为人类终极的目标是：获得爱和幸福。宗教是在特定的历史时期，人们追求幸福的过程中的必经阶段。但是，弗洛伊德进一步提出，宗教的作用是虚幻的，可以有其他更加真实的、有效的方式达成这一目的。

从功能论出发，往往会走向宗教替代论。弗洛伊德也不例外，他在论述宗教的功能后，就提出在人的心理结构中的超我的功能、本能升华的机制，以及残存的理性，可以起到压抑、转移人类的本能欲望，将人的精力投入与社会需求一致的工作中，从中获得幸福的感受；科学也能替代宗教曾经具有的部分功能。在我国现代思想史上也曾出现较有代表性和影响力的宗教替代论：陈独秀的"以科学代宗教说"、冯友兰的"以哲学代宗教说"、蔡元培的"以美育代宗教说"、梁漱溟的"以道德代宗教说"。[①] 这四种替代论，可以看作分别对应弗洛伊德所说的宗教具有的教导、安慰、道德要求的功能。在西方学界，近代科学的兴起，围绕科学与宗教的讨论一直是重要而又热门的话题。历史的变迁，让科学与宗教的内涵与外延一直处于变动之中，科学与宗教之间存在着丰富、复杂、交错的关系。

随着与弗洛伊德处于同一时代的德雷伯（J.W. Draper）的《科学与宗教冲突史》（1874）和怀特（A. D.White）的《基督教世界神学与科学战争史》（1896）的出版、达尔文进化论思想的影响以及 19 世纪不断涌现的世俗化思想，战争开始成为那个时代描述宗教与科学关系的语言。弗洛伊德曾深受达尔文进化论思想的影响，其

---

① 张志刚."四种取代宗教说"反思[J].北京大学学报（哲学社会科学版），2012，49（4）：32.

所建构的“原始弑父”神话正是受到达尔文进化论的影响。在弗洛伊德这里,宗教和科学也是势不两立的关系,是对立、冲突、紧张的关系。

时至今日,科学与宗教的关系依然是研究的热点,但随着科学技术取得突飞猛进的成就,“科学替代宗教”的论点却逐渐销声匿迹。20 世纪下半叶霍伊卡(R. Hooykaas)的《宗教与近代科学的兴起》(1973)和伊恩·巴伯(Ian G. Barbour)的《当科学遇到宗教》(2000)出版,关于科学与宗教关系的看法不断得到丰富和深化。一种比较公允的看法是,科学与宗教领域的先驱者巴伯提出的,他将科学与宗教的关系分为四种类型:冲突、独立、对话和融合。[①] 弗洛伊德当时也认为宗教和科学的对抗是暂时的,并非不可调和,只是达成目的的路径不一样。无论是在上帝那里,还是科学这里,弗洛伊德关注的都是:人类的爱及痛苦的减少。

令弗洛伊德没有想到的是,有研究者将精神分析看作现代世俗的宗教,而分析师是现代的牧师。临床学家莫尔斯(Stephen Morse)将精神分析所提供的意义与宗教的作用相类比:动力心理学最好被理解为解释行为并予之意义的一种方法,而不是对行为的一个机械的、因果关系的解释。对意义的提供在人们生活中是至关紧要的。精神分析治疗是“一个提供意义并因而可以安慰人的解释性故事”。可以理解为,对个体而言精神分析具有类似宗教的功能:解释与安慰。精神分析对症状具有解释功能是不可否认的,但弗洛伊德坚决否认并拒绝将精神分析作为心灵鸡汤。他一直强调,而且在他的理论与临床实践中,也一直秉承追求真相的目的,无论这个真相对人类来说有多残酷。他曾将精神分析理论与哥白尼的日心说、达尔文的进化论相提并论,共同之处是都打破了

① 张卜天.“科学”与“宗教”概念的演变:评彼得·哈里森《科学与宗教的领地》[J].自然辩证法通讯,2017,39(3):148.

人类的自恋。精神分析根本上并不具备宗教所具有的功能，从精神分析的解释与安慰功能出发，将精神分析看作一种现代的宗教，不仅是对精神分析本质的误解，更是对宗教的误解，这个提醒至今仍是值得注意的。

弗洛伊德强调宗教能够满足人的心理需要，让人获得慰藉；在治疗室里，他却从不提及宗教与心理症状的关系；他提倡科学特别是自然科学可以替代宗教的功能，却从不提及精神分析、心理治疗可以替代宗教的功能。这或许是因为，一方面弗洛伊德清晰地知道，宗教、科学是同一个层级的概念，而精神分析只是心理学中的一个理论，它源于对个体神经症的观察和理解，最能发挥精神分析作用的场域依然是在对个体神经症的治疗中；另一方面，宗教和心理健康之间的关系也不是当时研究者关注的重点。在科学技术日益发达的当下，心理健康问题却越来越突出。在国外，宗教与心理健康的相关研究是宗教心理学关注的热点领域，而在国内，这一方面的研究几乎还是空白。因此，本书认为，宗教与心理健康的关系、宗教的功能及其替代是今后值得深入研究的方向，而且具有现实意义。

第六章
总结与展望

弗洛伊德是一位探索者,起初从对神经症的探索揭示症状的含义,闯入了人类的潜意识的心理世界中;并沿着这一路径,进入更加广阔的艺术、宗教等人类文明的领域,以期发现人类痛苦的终极根源。在探索的过程中,弗洛伊德不断地提出、修正、更新自己的观点,精神分析理论也一直处在动态变化过程中,最终构建了庞大的、错综复杂的精神分析理论体系和框架。在这样的背景之下,分析弗洛伊德的宗教研究,首先要厘清精神分析理论的基本概念,再进一步探讨弗洛伊德是如何运用精神分析理论来诠释宗教的相关议题,探讨其宗教研究的价值与局限。因而,本书在研读弗洛伊德精神分析原典基础上,结合宗教学的研究重点,发现俄狄浦斯情结是精神分析理论的核心,而俄狄浦斯情结的要素贯穿在弗洛伊德的宗教投射论、宗教起源论、宗教功能论中,因而本书将这三部分作为主体框架,尝试进行心理学与宗教学的跨学科研究。

第一节 总 结

弗洛伊德的宗教研究在宗教心理学领域占有非常重要的地

位。虽然,他的研究存在研究资料的可信性、研究方法的可靠性、推理的严密性等问题,但不容否认的是,他是推动早期宗教心理学研究的主要力量,开创了宗教研究的潜意识维度,并促使精神分析领域的众多学者去探究宗教生活的本质。他的追随者荣格、兰克、弗洛姆、埃里克森都热衷宗教研究。在他的影响下,精神分析学派成了宗教心理学研究的主要力量之一。作为本书的最后一部分,首先对本书的主要研究结果进行总结和概述。

本书第一部分(第一、二章),通过对国内外研究现状的梳理和分析,发现虽然历经百年,弗洛伊德的宗教研究依然受到国外学者的关注,20 世纪重要的思想家蒂利希、尼布尔、利科等都关注到了弗洛伊德的宗教研究,并将其作为重要的研究对象。而国内相关研究尚在起步阶段,主要以译介为主,本土化的研究寥寥可数。随着中国社会和思想的发展,我们需要参照世界其他的文化,与之进行思想的对话。因此,弗洛伊德的宗教研究无论在理论上或是实践上均具有非常重要的参考价值。其次,通过对弗洛伊德所处时代的科学、哲学以及宗教学的研究重点的考察,发现弗洛伊德的宗教研究受其所处时代背景的影响,所关注的宗教主题:图腾崇拜、宗教起源、宗教发展阶段等并未超出当时研究者的研究范围,也均是其他宗教研究者所关注的议题;并进一步分析了其个人生活史,提出弗洛伊德转向宗教研究的动因:一方面是希望能借由发现和散播宗教的真相帮助人类脱离宗教的束缚,另一方面则包含了对自己所处的民族和犹太身份的爱恨交织的矛盾情感。总体而言,他的出发点是对真相、对人类理性、自由的追求。

第二部分(第三至五章)是本书的研究重点。从宗教投射论、宗教起源论、宗教功能论,结合弗洛伊德精神分析理论中的核心概念:投射、罪疚感、超我、俄狄浦斯情结等重要概念,尝试进行宗教学与心理学的跨学科研究。

第三章在宗教投射论的背景中,通过对“投射”概念在心理学、宗教心理学、精神分析领域的比较分析,来考察彼此间的差异,厘清弗洛伊德是如何运用投射来理解宗教现象的;并探讨精神分析的投射概念对宗教学研究的意义和价值,澄清以往研究对其宗教观的误解。研究发现精神分析的投射概念的内涵比其他两者都要狭窄,它多以防御,以及将主体所拒绝或误认的属于自身的性质、感觉与欲望归诸他者(人或物)的方式出现,并且投射是主体潜意识运用的机制,其向外投射的内容也主要源于人类心理结构中的潜意识内容。弗洛伊德在宗教投射论中的主要贡献,是对原始人类的一些具体的现象,如特别的禁忌,提供了全新的诠释视角。从精神分析的投射概念出发,并不能将弗洛伊德放置在宗教投射论的范畴之中。但在一种广义的投射概念中,即将投射看作一种认识世界的方式时,弗洛伊德又可看作宗教投射论的一员。从宗教心理学视角来看,宗教投射论并不必然导致无神论,更多展现的是宗教中人神关系的不同可能性。故此,投射论作为一种方法进路应说是中性的,只是过往较多人认识的是其中一面而已,也强化了人们对其的误解。厘清这一原点对于理解弗洛伊德思想有重要作用。

第四章是本书的重中之重。通过考察俄狄浦斯情结概念的形成和发展的过程,得出弗洛伊德是通过自我分析、临床实践、理论构建以及俄狄浦斯神话的启发,从而发现了个体心理的俄狄浦斯情结。弗洛伊德选择了俄狄浦斯这个古老的神话来代表人类的精神结构的基本元素。幼儿的潜意识中存有与俄狄浦斯所遭遇到的杀父娶母的类似经历,即后来被乱伦禁忌所禁止的愿望。因此,俄狄浦斯情结包含欲望与禁止两部分内容。通过俄狄浦斯情结的核心要素欲望与禁止和宗教学的核心概念原罪与罪恶感进行对照分析研究，弗洛伊德发现“原始弑父”神话，并将俄狄浦斯情结作为图腾崇拜的起源，宗教出现的起点。他的思考路径和方法始终是基于精神分析的理论，与宗教学的研究思路完全不同。弗洛伊德构想了三次“弑父”事件，第二次的摩西之死、第三次的耶稣的受难都是对第一次“原始弑父”事件的重复，摩西、耶稣是原始父亲的表征，他们具备与原始父亲同样的功能；人类的罪疚感也源于“弑父”神话。因而，本书提出“弑父”神话不仅解决了精神分析理论中超我起源的难题，而且发现了父亲功能的真相——对欲望的禁止。同时，弗洛伊德的宗教起源论还存在罪疚感代际传承的解释难题，以及个体发生论与种系发生论的方法论带来的问题。

第五章阐释了弗洛伊德关于宗教的教导、安慰及道德要求功能，并提出弗洛伊德的宗教替代论是——理性、科学以及心理结构中的超我，防御机制的升华作用。研究发现弗洛伊德在态度上的转变，其理论中期坚信科学可以代替宗教，理论晚期在态度上不再坚决，但他依然希望科学能够代替宗教。

虽然本书探讨了投射、俄狄浦斯情结、罪疚感等概念，但内在贯穿本书第三章至第五章的核心线索是俄狄浦斯情结。在本书的第三章宗教投射论中，起初投射只是作为一种认识世界的方式，被投射到外部世界的心理究竟为何物尚不清晰。随着俄狄浦斯情结在精神分析理论中核心地位的确立，弗洛伊德便将其用在对宗教现象的理解和分析中。俄狄浦斯情结有多种表现形式，核心是父子之间的矛盾情感。而弗洛伊德的投射论所投射的正是父子关系，他说：“个人的上帝，从心理的角度来说就是一个高尚的父亲。”①正是随着抬高了从没有忘怀的原始父亲，上帝才获得了我们今天

① 弗洛伊德.达·芬奇的童年回忆(1910)[M]//车文博.弗洛伊德文集(第10卷).北京：九州出版社，2014：156.

在他身上仍然识别的各种特征①、一个理想化的超人,"这个神性的创造者被直呼为'父亲'"②。要深入理解这一关系,我们必须进入弗洛伊德的宗教起源论中。弗洛伊德的宗教起源论分为两个部分:个体发生学与种系发生学。弗洛伊德认为在个体发生方向上,个体的内心既有俄狄浦斯期对父亲的敌意与害怕,同时又有对父亲的爱与需要。个体为了缓解无助感,满足内心的安全感,通过对父亲的理想化,形成了对上帝的爱和为上帝所爱的意识,用以抵御来自外部世界和人类环境的危险;在种系发生方向上,原始族民由于现实的困境以及乱伦欲望产生了"原始弑父"事件,俄狄浦斯情结因而成为图腾崇拜的起源,图腾餐、圣餐、第一个摩西被犹太人杀害以及耶稣基督之死都可看作是"原始弑父"事件的再现。因此,弗洛伊德最终的结论是俄狄浦斯情结是宗教的起源。他受同时代生物学领域重演律的影响,认为人类的个体发生与种系发生存在着一一对应关系,宗教阶段对应的是个体的对象选择期,即俄狄浦斯期。所以,宗教是人类种系发展的必经阶段,但终将被科学阶段所取代,正如人类个体心理发育终须度过俄狄浦斯期一样。在此基础上,弗洛伊德提出了他对宗教功能的理解,因而本书将宗教功能论作为研究重点之一。由此,宗教投射论、宗教起源论以及宗教功能论构成了本书的主要研究框架。

无论如何,我们不应忘记的是弗洛伊德希望通过科学的方法来实现对人类的思考和关怀。

---

① 弗洛伊德.群体心理与自我分析(1921)[M]//车文博.弗洛伊德文集(第9卷).北京:九州出版社,2014:134.

② 弗洛伊德.精神分析新论(1933)[M]//车文博.弗洛伊德文集(第8卷).北京:九州出版社,2014:146.

第二节　展　　望

弗洛伊德宗教研究的理论基础是建立在其所创立的精神分析理论之上的，因此，今后的研究中，精神分析的学科性质以及与其宗教观的深层互动是研究中的重点，这部分研究，对于我们重新审视弗洛伊德的宗教研究具有非常重要的价值。

弗洛伊德在论及宗教宇宙观与科学宇宙观时，提到对精神分析的定位：作为一门特殊的科学，心理学的一个分支——一种深度心理学或潜意识心理学——精神分析建构一种自己的宇宙观是不合适的，它应该接受一般科学的宇宙观。弗洛伊德在写给作家斯蒂芬·茨威格的信中说，精神分析的根本任务，就是以"冷静审慎的方法"跟"魔鬼"角力，他所说的魔鬼，就是非理性。他还指出，这种冷静审慎的态度会让魔鬼降服，成为"科学上可以理解的对象"。弗洛伊德甚至自信地认为，没有精神分析这样的心理学，科学就不会完整。弗洛伊德也一直尝试通过著作来与外界沟通，确立精神分析在科学界的位置。1895 年的《科学心理学纲要》(1895)旨在让精神分析成为科学心理学的部分；《梦的解析》(1900)意在表达精神分析是某种科学的而非幻象式的建构；《精神分析导论》(1917)、《精神分析新论》(1933)、《精神分析纲要》(1940)都代表了弗洛伊德与外界沟通的努力，他想表达的是精神分析真的与智识和真理相关联。但弗洛伊德所做的努力并没有取得预期的效果。从科学，更确切地说，自然科学的立场来看，弗洛伊德并没有说明为何其断言是正当合理的，为何其解释被证明是真的，为何其理论是可以被证实的。虽然，弗洛伊德毕生都试图在科学领地中为他所创立的精神分析理论寻找立足之地,但最终并没有得到认可。

当我们谈论精神分析的学科性质时,应首先界定谈论的是何时、何地、何种类型的精神分析。精神分析从诞生之始,就一直处于不断地丰富和发展之中。伴随临床的发现和理论的思考,弗洛伊德一直对精神分析理论进行修改和完善。精神分析从维也纳传播到世界各地,其理论与技术也获得了蓬勃的发展,从经典精神分析,到当今的多样的学派、多样的技术术语和多样的临床实践形式。本书所讨论的精神分析的学科性质,局限于弗洛伊德有生之年所创立的精神分析理论,即古典精神分析理论。众所周知,弗洛伊德是用德语写作,流传到世界各地的译作多是依据英文标准版[①]的翻译。我国著名学者车文博先生主编的《弗洛伊德文集》也是从英文标准版翻译而来。对这一英文标准版的译本,学者们展开的一系列研究所共同得出的结论是:该译本从核心概念到译文风格,都对弗洛伊德的原著进行了科学化和理性化的改造。[②]比如,将弗洛伊德原著中的"灵魂"(seele)一词翻译为了"心灵"(mind)、"精神的"(mental)、"心理的"(psycho)等。这一译本将原来有着丰富的人文历史意涵、偏近于文学语言的作品,呈现出客观、科学与专业的形态。对这一翻译的风格,弗洛伊德的态度是暧昧的,这也反映了弗洛伊德希望将精神分析放置在科学领域的愿望。

伯纳德·科恩(I.Bernard Cohen)在《科学中的革命》一书中,

---

① 詹姆斯·斯特拉齐和弗洛伊德的女儿安娜·弗洛伊德共同编辑,主要由斯特拉齐夫妇(James Strachey & Alix Strachey)所翻译的《弗洛伊德心理学作品全集标准版英文译文集》(*Standard Edition of the Complete Psychological Works of Sigmund Freud*)。1955年至1967年,该译文集共出版23册。

② 孙飞宇.从灵魂到心理:关于精神分析理性化的知识社会学研究[J].社会学研究,2017,32(4):97.

以"弗洛伊德革命"作为阐释弗洛伊德在科学上的贡献的一章的标题,并将之放在第五部分"19世纪的科学进步"里。科恩在此书中提到,达尔文革命从根本上重建了自然科学……马克思主义由于其思想和政治的结果,成为社会科学中的一种革命力量;而对许多人来说,弗洛伊德的革命是不明确的,人们并没有达成一致的意见。弗洛伊德的精神分析是科学吗?它是社会科学吗?或者,它甚至根本不是科学?[①] 整个论述中,科恩从未明确回答这一问题,他只是非常谨慎地提出:也许只能通过间接的含义(如果有的话)才能表明,他本人在科学史中的位置可能与人们给予哥白尼和达尔文的地位相同。

当谈论精神分析是否属于科学时,要回答的是:什么是科学?科学和宗教类似,是最难界定的概念之一。即使如此,我们依然可以从科学所必备的一些特征上来进行科学与非科学的区分。从知识的客观性角度来看,科学通常分为自然科学、社会科学与人文科学。弗洛伊德希望精神分析被认可属于自然科学领域。但无论是他所处的时代,还是当代,精神分析从未被看作是自然科学的一员。在当代,心理学,特别是努力靠近自然科学的实证主义心理学也没有被放置在自然科学的领域,而是属于人文科学领域。在对精神分析不属于自然科学的论证中,我们看到,论点主要集中于精神分析没有满足科学性的基本标准,体现在精神分析的"不可证伪性"。精神分析并不能达到物理科学中通过实验建构的因果关联。在弗洛伊德那里决定性和普遍性的"本质"并不真正能够充当"原因"。谢弗(Roy Schafer)认为精神分析根本就不能查明因果关系,因为它不能产生控制、预测,所查明的不是原因,而是理由,也就是意义。[②] 维

① 科恩.科学中的革命[M].鲁旭东,赵培杰,译.北京:商务印书馆,2017:514.

② 郭本禹.当代精神分析的新发展:精神分析与诠释学的融合[J].南京师大学报(社会科学版),2013(1):88.

特根斯坦从哲学的角度出发,认为弗洛伊德的问题在于误用"理由"的语法和"原因"的语法,两者类似于"动机"的语法和"原因"的语法之间的区别。弗洛伊德的解释常常建立在人们对一些可能动机的承认上,但通过这种承认,弗洛伊德却误导我们找到了事物的某种根基。[①] 弗洛伊德的理论,更接近人文科学而不是自然科学。精神分析理论是要阐明理由而不是原因,要表明行为具有某种意义,是探讨意义得以表达的心理功能。

精神分析不属于自然科学是毋庸置疑的。有研究者提出精神分析学说自创立伊始就是诠释学的,相较从自然科学观点,从诠释学观点能够得到更好的理解,只是弗洛伊德把精神分析误解为一门自然科学。精神分析在何种意义上是诠释学的或具有诠释学的特征?现代诠释学代表人物利科、哈贝马斯都对精神分析进行过诠释学的解读和反思。他们都认为弗洛伊德将自己所建立的精神分析学看作是自然科学的一个分支,是因为弗洛伊德受到当时流行的实证主义和自然主义的局限而误解了这门学科的认识论性质。[②] 利科认为,所有对精神分析非科学的批判和重构的论调都违背了精神分析的根本。因为精神分析并不是处理行为事实的观察科学;相反,它是有关再现象征与原始本能之间意义关系的解释性学科。因此,精神分析的概念不是按照经验科学的要求,而是"根据其作为分析经验可能性的条件的地位,也就是经验运作于言谈(speech)领域而言的"[③]。利科在《论解释:弗洛伊德与哲学》一书中,提出经过符号学的重新解释,心理分析就把力比多与象征符

① 张巧.论维特根斯坦对弗洛伊德的心理分析的批判[J].心理学探新,2016,36(6):489.

② 王国芳.现代诠释学对弗洛伊德精神分析学的解读[J].南京师大学报(社会科学版),2013(1):93.

③ 利科.诠释学与人文科学:语言、行为、解释文集[M].汤普森,编译.孔明安,等译.北京:中国人民大学出版社,2012:7.

号的关系当作论题。于是,心理分析就可以包含在一门我们称为诠释学的更普遍的学科之中。精神分析是一门探讨替代客体和原始本能客体之间意义关系的诠释科学。[①] 利科是把弗洛伊德的精神分析学置于认识论的高度来加以理解和研究的,精神分析所关心的是通过解释表面现象而发现隐藏在它背后的东西,由此在分析者和被分析者之间创造一种被分享的理解。精神分析不是一门观察科学;它是一门解释科学,更类似于历史学而不是心理学,是关于主体的考古学。[②] 哈贝马斯把精神分析看作是一种深层诠释学,且具有自我反思的性质。哈贝马斯认为弗洛伊德的学说"涉及的不是一种经验理论,而是一种元理论,或者确切地说,是一种元解释学;它阐明心理分析的认识的可能性的条件……阐明分析性的谈话中的解释的逻辑"[③]。

弗洛伊德将精神分析视为自然科学的分支,他所理解的科学是探寻真相,他所做的努力是试图探寻人类精神世界的真相。由于弗洛伊德所受的科学主义的训练,以及精神分析理论所呈现出来的生物主义倾向、决定论的色彩、诠释学的特征,很难将精神分析归入某种具体的学科中。狄尔泰曾有一句著名的论断:"我们说明自然,我们理解精神。"从动态、交互的角度,可以将精神分析的临床实践看作是精神分析学家通过对病人潜意识的解释从而达成了病人对意义的理解。在这个意义上,精神分析的临床实践无疑是属于诠释学的。作为一种关于潜意识的理论,精神分析是在人类文明的发展演变过程中必不可少的一个部分,是人类思想史上的进步。

---

① Ricoeur, Paul, translated by Denis Savag (1970), *Freud and Philosophy: An Essay on Interpretation*, New Haven and London: Yale University Press, 359.

② Ricoeur, Paul, translated by Denis Savag (1970), *Freud and Philosophy: An Essay on Interpretation*, New Haven and London: Yale University Press, 345.

③ 哈贝马斯.认识与兴趣[M].郭官义,李黎,译.上海:学林出版社,1999:253.

参考文献

[1] 奥兹本.弗洛伊德和马克思[M].董秋斯,译.北京：中国人民大学出版社,2004.
[2] 弗洛姆.精神分析与宗教[M].孙向晨,译.上海：上海人民出版社,2006.
[3] 涂尔干.宗教生活的基本形式[M].渠东,汲喆,译,上海：上海人民出版社,2006.
[4] 帕杰特,威尔肯斯.基督教与西方思想：哲学家、思想与思潮的历史(卷二)[M].胡自信,译.上海：上海人民出版社,2017.
[5] 弗洛姆.弗洛伊德的使命[M].尚新建,译.北京：三联书店,1986.
[6] 利科.诠释学与人文科学：语言、行为、解释文集[M].汤普森,编译,孔明安,等译.北京：中国人民大学出版社,2012.
[7] 蒂利希.基督教思想史：从其犹太和希腊发端到存在主义[M].尹大贻,译.北京：东方出版社,2008.
[8] 盖伊.弗洛伊德传[M].龚卓军,高志仁,梁永安,译.北京：商务印书馆,2015.
[9] 克拉玛.弗洛伊德传[M].连芯,译.南京：译林出版社,2014.
[10] 利科.恶的象征[M].公车,译.上海：上海人民出版社,2005.
[11] 费尔巴哈.基督教的本质[M].荣振华,译.北京：商务印书馆,1984.
[12] 弗洛伊德.癔症研究[M]//车文博.弗洛伊德文集(第 1 卷).北京：九州出版社,2014：124－342.
[13] 弗洛伊德.日常生活的精神病理学[M]//车文博.弗洛伊德文集(第 2 卷).北京：九州出版社,2014：8－247.
[14] 弗洛伊德.释梦(上)[M]//车文博.弗洛伊德文集(第 3 卷).北京：九州出版社,2014：015－253.
[15] 弗洛伊德.释梦(下)[M]//车文博.弗洛伊德文集(第 4 卷).北京：九州出版社,2014：258－526.
[16] 弗洛伊德.爱情心理学：男人对象选择的一个特殊类型[M]//车文博.弗洛伊德文集(第 5 卷).北京：九州出版社,2014：126－145.
[17] 弗洛伊德.精神分析纲要[M]//车文博.弗洛伊德文集(第 8 卷).北京：九州出版社,2014：280－322.
[18] 弗洛伊德.精神分析新论[M]//车文博.弗洛伊德文集(第 8 卷).北京：九州出版社,2014：7－147.
[19] 弗洛伊德.群体心理与自我分析[M]//车文博.弗洛伊德文集(第 9 卷).北京：九

州出版社,2014：69－134.
[20] 弗洛伊德.自我与本我[M]//车文博.弗洛伊德文集(第9卷).北京：九州出版社,2014.155－205.
[21] 弗洛伊德.达·芬奇的童年回忆[M]//车文博.弗洛伊德文集(第10卷).北京：九州出版社,2014：101－162.
[22] 弗洛伊德.米开朗基罗的摩西[M]//车文博.弗洛伊德文集(第10卷).北京：九州出版社,2014：177－198.
[23] 弗洛伊德.图腾与禁忌[M]//车文博.弗洛伊德文集(第11卷).北京：九州出版社,2014：3－151.
[24] 弗洛伊德.摩西与一神教[M]//车文博.弗洛伊德文集(第11卷).北京：九州出版社.2014：160－287.
[25] 弗洛伊德.自传[M]//车文博.弗洛伊德文集(第12卷).北京：九州出版社,2014：172－231.
[26] 弗洛伊德.一个幻觉的未来[M]//车文博.弗洛伊德文集(第12卷).北京：九州出版社,2014：2－61.
[27] 弗洛伊德.文明及其缺憾[M]//车文博.弗洛伊德文集(第12卷).北京：九州出版社,2014：64－149.
[28] 弗洛伊德.为什么会有战争[[M]//车文博.弗洛伊德文集(第12卷).北京：九州出版社,2014：152－169.
[29] 弗洛伊德.弗洛伊德五大心理治疗案例[M].李韵,译.上海：上海社会科学院出版社,2014.
[30] 高瑞泉,颜海平.全球化与人类学术的发展[M].上海：上海古籍出版社,2006.
[31] 哈贝马斯.认识与兴趣[M].郭官义,李黎,译.上海：学林出版社,1999.
[32] 阿姆斯特朗.神的历史[M].蔡昌雄,译.海口：海南出版社,2016.
[33] 金泽.宗教人类学学说史纲要[M].北京：中国社会科学出版社,2010.
[34] 格兰特.移情与投射[M].张黎黎,译.北京：北京大学医学出版社,2008.
[35] 科恩.科学中的革命[M].鲁旭东,赵培杰,译.北京：商务印书馆,2017.
[36] 陆丽青.弗洛伊德的宗教思想[M].北京：中国社会科学出版,2011.
[37] 梁恒豪.信仰的精神性进路[M].北京：社会科学文献出版社,2014.
[38] 李申.宗教论[M].北京：中国社会科学出版社,2010.
[39] 费尔巴哈.基督教的本质[M].荣震华,李金山,译.北京：商务印书馆,1984.
[40] 刘宗坤.原罪与正义[M].上海：华东师范大学出版社,2006.
[41] 蒙克,等.宗教意义探索[M].朱代强,赵亚麟,孙善玲,译.成都：四川人民出版社,2011.
[42] 约翰斯通.社会中的宗教[M].尹今黎,张蕾,译.成都：四川人民出版社,1991.
[43] 阿盖尔.宗教心理学导论[M].陈彪,译.北京：中国人民大学出版社,2005.
[44] 沈德灿.精神分析心理学[M].杭州：浙江教育出版社,2005.
[45] 张志刚.宗教哲学研究[M].北京：中国人民大学出版社,2009.
[46] 米切尔,布莱克.弗洛伊德及其后继者[M].陈祉妍,黄峥,沈东郁,译.北京：商务

印书馆,2007.
[47] 威尔肯斯,帕杰特.基督教与西方思想(卷二)[M].刘平,译.北京：北京大学出版社,2005.
[48] 拉普郎虚,彭大历斯.精神分析词录[M].沈志中,王文基,译,台北：行人出版社,2000.
[49] 施密特.对古老宗教启蒙的失败：《俄狄浦斯王》[M]//刘小枫,陈少明.索福克勒斯与雅典启蒙.北京：华夏出版社,2007：2－21.
[50] 尼布尔.人的本性与命运[M].汤清,译.北京：宗教文化出版社,2011.
[51] 许志伟.基督教神学思想导论[M].北京：中国社会科学出版社,2001.
[52] 夏普.比较宗教学史[M].吕大吉,何光沪,徐大建,译.上海：上海人民出版社,1988.
[53] 燕国材.中国心理学史[M].杭州：浙江教育出版社,2005.
[54] 中共中央马克思恩格斯列宁斯大林著作编译局.马克思恩格斯选集(第1卷)[M].北京：人民出版社,2012.
[55] 陆丽青.弗洛伊德的宗教思想研究[D].北京：中央民族大学,2009.
[56] 白新欢.弗洛伊德无意识理论的哲学阐释[D].上海：复旦大学,2004.
[57] 周华.阅读俄狄浦斯情结[D].成都：四川大学,2005.
[58] 梁恒豪.荣格的基督宗教心理观[D].北京：中国社会科学院研究生院,2010.
[59] 陈树林.精神分析学理论价值的神学阐释：蒂利希对精神分析学与基督教神学的对比分析[J].学术研究,2004(6)：55－59.
[60] 何华容,丁道群.内疚：一种有益的负性情绪[J].心理研究,2016,9(1)：3－8.
[61] 陈剑.法罪辩证及其超越：齐泽克论弗洛伊德的“三个神话”[J].内蒙古大学学报(哲学社会科学版),2016,48(1)：52－58.
[62] 崔增宝.精神分析理论的三个偏颇：德勒兹的一种批判性分析[J].学术交流,2017(8)：55－60.
[63] 郭本禹.当代精神分析的新发展：精神分析与诠释学的融合[J].南京师大学报(社会科学版),2013(1)：85－91.
[64] 董江阳.宗教投射论及其在神学中的反应[J].宗教学研究,1992(Z1)：56－63.
[65] 李想.弗洛伊德的“禁忌”理论对宗教起源的解释[J].山东青年,2012(6)：94.
[66] 拉姆.原罪神学的核心[J].刘宗坤,译.道风：汉语神学学刊,1999(11)：131－147.
[67] 李峰.20世纪60年代后西方宗教社会学理论研究取向[J].求索,2005(9)：48－50.
[68] 陆俏颖.获得性遗传有望卷土重来吗[J].自然辩证法通讯,2017,39(6)：30－36.
[69] 马元龙.论升华：从弗洛伊德到拉康[J].中国人民大学学报,2012,26(6)：80－87.
[70] 居飞.俄狄浦斯：从弗洛伊德到拉康：以哈代的《意中人》为引[J].南方文坛,2016(1)：101－107.
[71] 唐卉.文明起源视野中的俄狄浦斯主题研究[J].江西社会科学,2009(6)：27－31.
[72] 乔建中,王蓓.霍夫曼虚拟内疚理论述评[J].心理学探新,2003(3)：25－28.
[73] 孙飞宇.从灵魂到心理：关于精神分析理性化的知识社会学研究[J].社会学研究,

2017,32(4):94-119.
[74] 王克琬,王再兴.罪就是人的异化：蒂里希罪论思想初探[J].广州社会主义学院学报,2010,8(1):53-57.
[75] 王晓天.图腾：古代神话还是现代预言?[J].世界民族,2006(2):56-59.
[76] 王国芳.现代诠释学对弗洛伊德精神分析学的解读[J].南京师大学报(社会科学版),2013(1):92-98.
[77] 杨宁.再论进化、发展和儿童早期教育[J].学前教育研究,2010(1):3-10.
[78] 朱雯琤."从无知到有罪"：福柯论"俄狄浦斯王"中的三重"知识—权力"交织[J].社会,2018,38(2):188-212.
[79] 张生.基督教"罪"概念的实在论分析[J].宗教学研究,2014(3):219-224.
[80] 张志刚."四种取代宗教说"反思[J].北京大学学报(哲学社会科学版),2012,49(4):32-43.
[81] 张秀华.科学与宗教关系探究的新进路：对近年中美科学与宗教学术会议的分析[J].清华大学学报(哲学社会科学版),2013,28(3):88-95.
[82] 张卜天."科学"与"宗教"概念的演变：评彼得·哈里森《科学与宗教的领地》[J].自然辩证法通讯,2017,39(3):147-152.
[83] 张巧.论维特根斯坦对弗洛伊德的心理分析的批判[J].心理学探新,2016,36(6):483-489.
[84] 赵艳.关于神话与原始宗教信仰的学术反思[J].青海社会科学,2017(3):147-150.
[85] 黄文杰.论弗洛伊德对《俄狄浦斯王》的符码性解读[J].戏剧艺术,2015(2):97-105.
[86] Anidjar, Gil (2013), "Jesus and Monotheism," *Southern Journal of Philosophy*, 51, 158-183.
[87] Appelbaum, Jerome (2012), "Father and Son: Freud Revisits his Oedipus Complex in Moses and Monotheism," *American Journal Of Psychoanalysis*, 72 (2), 166-184.
[88] Barbre, Claude (2007), "Freud, Science, and Soul: A Review Essay," *Journal of Religion & Health*, 46 (4), 607-624.
[89] Berke, Joseph H. and Schneider, Stanley (2001), "A Tale of Two Orphans: The Limits of Categorization," *Mental Health, Religion & Culture*, 4 (1), 81-93.
[90] Bemporad, J. (1995), "Oedipus Rex and Oedipus Complex," *Journal of American Academy of Psychoanalysis*, 23 (3): 493-500.
[91] Blass, Rachel B. (2003), "The Puzzle of Freud's Puzzle Analogy: Reviving a Struggle with Doubt and Conviction in Freud's Moses and Monotheism," *The International Journal Of Psycho-Analysis*, 84 (3), 669-682.
[92] Blass, Rachel B. (2012), "On Overlooking Complex Psychoanalytic Views on the Question of Religious Truth," *International Journal for the Psychology of Religion*, 22 (2), 169-171.
[93] Bonelli, Raphael M. and Koenig, Harold G. (2013), "Mental Disorders, Religion and

Spirituality 1990 to 2010: A Systematic Evidence-based Review," *Journal Of Religion and Health*, 52 (2), 657 - 673.

[94] Bornstein, Melvin (2012), "Prologue: If I Were Writing Civilization and Its Discontents Today, What Would I Write," *Psychoanalytic Inquiry*, 32 (6), 521 - 523.

[95] Brickman, Celia (2002), "Primitivity, Race, and Religion in Psychoanalysis," *Journal of Religion*, 82 (1), 53.

[96] Burkhardt, R. W. Jr. (2013), "Lamarck, Evolution, and the Inheritance of Acquired Characters," *Genetics*, 194, 793 - 805.

[97] Cotti, Patricia (2014), "I Am Reading the History of Religion: A Contribution to the Knowledge of Freud' s Building of a Theory," *History of Psychiatry*, 25 (2), 187 - 202.

[98] Capps, Donald (2000), "The Oedipus Complex and the Role of Religion in the Neurosis of Father Hunger," *Pastoral Psychology*, 49 (2), 105 - 119.

[99] Carlin, Nathan (2013), "A Religious Experience: A Psychological Interpretation of Kevin Kelly's Conversion to Christianity," *Pastoral Psychology*, 62 (5), 587 - 605.

[100] Combres, Laurent and Askofaré, Sidi (2013), "Function (s) of Religion in the Contemporary World: Psychoanalytic Perspectives: About New Types of Religious Conversions," *Journal of Religion and Health*, 52 (4), 1369 - 1381.

[101] Cotti, Patricia (2010), "Travelling the Path from Fantasy to History: The Struggle for Original History within Freud's Early Circle, 1908 - 1913," *Psychoanalysis & History*, 12 (2), 153 - 172.

[102] Cotti, Patricia (2014), "I am Reading the History of Religion: A Contribution to the Knowledge of Freud's Building of a Theory," *History of Psychiatry*, 25 (2), 187 - 202.

[103] Cataldo, Lisa M. (2019), "Old and Dirty Gods: Religion, Antisemitism, and the Origins of Psychoanalysis: By Pamela Cooper-White." *Journal of Pastoral Theology*, 29 (3), 189 - 194.

[104] Crockett, Clayton (2000), "On Sublimation: The Significance of Psychoanalysis for the Study of Religion," *Journal of the American Academy of Religion*, 68 (4), 837.

[105] Connor, J. (2016), "Freud and Augustine in Dialogue: Psychoanalysis, Mysticism and the Culture of Modern Spirituality," *Journal of Religion*, 96 (3), 418 - 420.

[106] DiCenso, James (1991), "Religion as Illusion: Reversing the Freudian Hermeneutic," *Journal of Religion*, 71 (2), 167 - 179.

[107] Freeman, Helen (1997), "Humour, Healing and Holiness," *Journal of Progressive Judaism*, (8), 58.

[108] Sigmund Freud (2001), *The Standard Edition of the Complete Psychological Works of Sigmund Freud, Volume 1 - 24*, London: The Hogarth Press and the Institute of Psychoanalysis.

[109] Freud, Sigmund and Wilhelm Fliess (1985), *The Complete Letters of Sigmund Freud*

to Wilhelm Fliess: 1887 – 1904. Jeffrey M. Masson (ed. & trans.). New York: Harvard University Press.

[110] Frie, Roger (2012), "Psychoanalysis, Religion, Philosophy and the Possibility for Dialogue: Freud, Binswanger and Pfister," *International Forum of Psychoanalysis*, 21 (2), 106 – 116.

[111] Fullinwider, S. (1992), "The Freud revolution," History Today, 42 (4), 23.

[112] Fenchel, G. (2015), "Psychoanalysis as a Defense of Judaism," *Psychoanalytic Psychology*, 37(1), 56 – 61

[113] Geller, Jay (2008), "The Death of Sigmund Freud: The Legacy of His Last Days," *Journal of Religion*, 88 (3), 436 – 437.

[114] George, Aichele (1999), "Jesus Uncanny Family Scene," *Journal for the Study of the New Testament*, 21 (74), 29 – 48.

[115] Goodnick, Benjamin (1988), "A Misunderstood Marriage Certificate," *Jewish Social Studies*, 50 (1/2), 37 – 48.

[116] Goodwin, Antoinette (1998), "Freud and Erikson: Their Contributions to the Psychology of God-Image Formation," *Pastoral Psychology*, 47 (2), 97 – 117.

[117] Gordis, Robert (1975), " The Two Faces of Freud", *Judaism*, 24 (2), 194.

[118] Heischman, Daniel R. (2002), "The Uncanniness of September 11th," *Journal of Religion & Health*, 41 (3), 197.

[119] Hes, Jozef Philip (1986), "A Note on an As Yet Unpublished Letter by Sigmund Freud", *Jewish Social Studies*, 48 (3/4), 321 – 324.

[120] Hinds, Jay-Paul (2012), "The Prophet's Wish: A Freudian Interpretation of Martin Luther King's Dream," *Pastoral Psychology*, 61 (4), 467 – 484.

[121] Haj-Osman, Alexandra, et al. (2020), "Religion, Spirituality and Mental Health," *Acta Medica Marisiensis*, 66, 9 – 11.

[122] Nelson, James (2009), *Psychology, Religion, and Spirituality*, New York: Springer Science Business Media.

[123] Janson, Murray (1991), "Could Religion Also Be Healthy?", *International Journal for the Psychology of Religion*, 1 (2), 95.

[124] Jonsson, Stefan (2013), "After Individuality: Freud's Mass Psychology and Weimar Politics," *New German Critique*, (119), 53 – 75.

[125] Johnston, Adrian (2020), "The Triumph of Theological Economics: God Goes Underground," *Philosophy Today*, 64 (1): 3 – 50.

[126] Jürgen, Braungardt (2000), The Psychoanalytic View of Religion in Freud and Lacan: A Philosophical Analysis, The Faculty of the Graduate Theological Union, Berkeley.

[127] Kaplan, Robert (2009), "Soaring on the Wings of the Wind: Freud, Jews and Judaism," *Australasian Psychiatry*, 17 (4), 318 – 325.

[128] Klein, Dennis B. (2007), "Freud's Little Secret," *Yale Review*, 95 (3), 64 – 72.

[129] Kramp, Joseph (2012), "In Search of Psychoanalytic Pluralism: An Inquiry into Time, Money, and Love," *Journal of Religion & Health*, 51 (4), 1117 - 1123.

[130] Kreyche, Gerald F. (2005), "Oh, God?", *USA Today Magazine*, 134 (2722), 82.

[131] Kronemyer, David E. (2011), "Freud's Illusion: New Approaches to Intractable Issues," *International Journal for the Psychology of Religion*, 21 (4), 249 - 275.

[132] LaMothc, Ryan (2004), "Freud's Envy of Religious Experience," *International Journal for the Psychology of Religion*, 14 (3), 161 - 176.

[133] Leeming, David A. et al. (Eds.) (2014). *Encyclopedia of Psychology and Religion*, New York: Springer Science Business Media.

[134] Mendes, J. C. and Prata, J. (2012), "Mental Health and Spirituality/Religion," *European Psychiatry*, 27, 1.

[135] Michael, Palmer(1997), *Freud and Jung on Religion*, London: Routledge Press.

[136] Nelson, James (2009), *Psychology, Religion, and Spirituality*, New York: Springer Science, Business Media.

[137] Novak, D. (2016), "On Freud's Theory of Law and Religion," *International Journal of Law And Psychiatry*, 48, 24 - 34.

[138] Richards, Arnold (2009), "The Need not to Believe: Freud's Godlessness Reconsidered," *Psychoanalytic Review*, 96 (4), 561 - 578.

[139] Ricoeur, Paul, translated by Savag, Denis (1970), *Freud and Philosophy An Essay on Interpretation*, New Haven and London: Yale University Press.

[140] Ross, Mary Ellen (2001), "The Humanity of the Gods: The Past and Future of Freud's Psychoanalytic Interpretation of Religion," *Annual of Psychoanalysis*, 29, 263.

[141] Salberg, Jill (2007), "Hidden in Plain Sight: Freud's Jewish Identity Revisited," *Psychoanalytic Dialogues*, 17 (2), 197 - 217.

[142] Schneider, Stanley and Berke, Joseph H. (2010), "Freud's Meeting with Rabbi Alexandre Safran," *Psychoanalysis & History*, 12 (1), 15 - 28.

[143] Shapiro, Paul (1992), Weber and Freud: Comparison and Synthesis, New School For Social Research.

[144] Simmonds, Janette Graetz (2006), "Freud and the American Physician's Religious Experience," *Mental Health, Religion & Culture*, 9 (4), 401 - 405.

[145] Vermorel, Henri (2009), "The Presence of Spinoza in the Exchanges Between Sigmund Freud and Romain Rolland," *The International Journal of Psycho-Analysis*, 90 (6), 1235 - 1254.

[146] Wahl, William H. (2008), "Pathologies of Desire and Duty: Freud, Ricoeur, and Castoriadis on Transforming Religious Culture," *Journal of Religion & Health*, 47 (3), 398 - 414.

[147] Wulff, D. M. (1991), *Psychology of Religion: Classic and Contemporary Views.* New York: John Wiley & Sons.

[148] Westerink, Herman (2014b), "Projection, Substitution and Exaltation: Freud's Case

Study of 'Little Hans' and the Creation of God in Totem and Taboo," *Psychoanalysis & History*, 16 (1), 55 – 68.

[149] Wexler, Philip (2008), "A Secular Alchemy of Social Science: The Denial of Jewish Messianism in Freud and Durkheim," *Theoria: A Journal of Social & Political Theory*, 55 (116), 1 – 21.

[150] Will, Herbert (2006), "An Offspring of Love. Freud on Belief," *Luzifer-Amor: Zeitschrift Zur Geschichte Der Psychoanalyse*, 19 (38), 102 – 128.